乡村振兴实用技术培训教材

常见猪病防治技术

罗永莉　杨延辉 ◎ 主编

中国农业出版社

北　京

编者名单

主　编：罗永莉（重庆三峡职业学院）

　　　　杨延辉（重庆三峡职业学院）

副主编：向邦全（重庆三峡职业学院）

　　　　李龙娇（重庆三峡职业学院）

　　　　李文娟（重庆三峡职业学院）

参　编：黄　琳（重庆市动物疫病预防控制中心）

　　　　莫红芳（广西农业职业技术大学）

　　　　王亚克（牧原食品股份有限公司）

　　　　李　慧［贵州富之源科技（集团）有限公司］

目
录

01 第一章
猪病防治基本原则

现代规模化猪场的猪病防治原则，主要是在加强饲养管理的基础上，预防为主，防重于治。猪病控制三要素分别是免疫注射、药物保健、生物安全，预防保健是最关键、最经济的措施，也最容易被忽视。猪场管理水平越高，其生产技术管理人员就越重视预防保健，兽医临床治疗就越被弱化，这是猪病防治的一大趋势。

猪病的防治措施通常分为预防措施和治疗措施两部分：预防措施是在平时的饲养管理过程中进行的，以预防疾病的发生为目的；治疗措施是疾病发生后，以消灭已经发生的疾病和恢复健康为目的。两者相互联系，互为补充。疾病一旦发生，无论措施多么得力，治疗多么及时，都不可避免地要造成一定的经济损失。因此，在养殖过程中一定要树立"防重于治"的观点，必须抓好保健，立足于预防，把疾病消灭在萌芽状态，减少猪病的发生。

预防传染病是猪病防治技术的核心，应针对传染病流行过程的三个环节（传染源、传播途径、易感动物），查明和消灭传染源、切断传播途径或消灭传播媒介，提高机体对传染病的抵抗力，进行综合防治。

一、加强饲养管理

猪舍必须经常通风换气，保持环境的清洁干燥。饲喂要定时定量，饲料营养要全面，精粗搭配合适。保持饲料及饲喂用具的清洁卫生，不喂发霉变质的饲料。平时加强猪的活动量，以增强猪群的免疫力。

二、做好环境消毒

猪场的圈栏、地面、饲喂用具等可能被粪便等排泄物、分泌物污染，当有病原微生物存在时，如果不进行彻底的清理和消毒，就会导致猪群的感染，引起传染病的流行。常用的消毒方法包括煮沸消毒法、化学消毒法、紫外线消毒法、生物热堆积发酵法、高压蒸汽灭菌法和火焰消毒法等。

（1）煮沸消毒法　具有简便、经济、实用等优点，多用于注射器、针头、外科手术器械、产科器械等的消毒。此方法可以杀死常见的病原菌。

（2）化学消毒法　是使用化学消毒药物来杀死病原微生物，是兽医最常用的消毒方法。常用的消毒药有 3%～5% 的碘酊、75% 的酒精、0.1% 的新洁尔灭、0.1% 的高锰酸钾、3% 的过氧化氢、10%～20% 的石灰乳、2%～3% 的碱溶液，以及 10%～20% 的漂白粉混合液（随配随用，48 小时以内有效）等。

（3）紫外线消毒法　是采用阳光照射或者用紫外灯进行照射，是最简便的一种消毒方法。在阳光直射下，巴氏杆菌 6～8 分钟就可被杀死，口蹄疫病毒 1 小时就不能存活。猪舍保持良好的光照，或将用具放到太阳下去曝晒，都具有一定的消毒效果。

（4）生物热堆积发酵法　多用于粪便、垫草和污水的消毒。将固态的粪便堆积起来，由于微生物引起发酵，可使温度达到 60℃ 以上，经半个月到一个月时间，病原微生物和寄生虫即可被高温杀死。

（5）高压蒸汽灭菌法　应用最广泛且有效的灭菌方法。通常在 103.4kPa 蒸汽压下，于 121.3℃ 维持 15～20 分钟，可杀死包括细菌芽孢在内的所有微生物。可用于各种培养基、溶液、玻璃器皿、金属器械、敷料、橡皮手套、工作服和小的实验动物尸体等的灭菌。

（6）火焰消毒法　能彻底杀死病原体，是最有效而简便的消毒方法。可用于金属栏架、水泥地面等的消毒。

（7）消毒注意事项　①猪舍中有机物的存在，会降低药物的杀菌作用，而且有机物被覆于菌体上，阻碍菌体与药物接触，对细菌起着机械的保护作用。因此，对猪舍中的有机物，包括粪便分泌物、排泄物、饲料残渣等，必须清扫、冲洗干净。②消毒药液的浓度、温度和作用时间与消毒杀菌的效果成正比，即消毒药液的浓度越大、温度越高、作用时间越长，其消毒效果越好。此外，消毒效果与消毒剂的物理状态有关，只有溶液才能进入菌体与原生质接触，而固体、气体都不能进入细菌的细胞。因此，固体消毒剂必须溶于水中，气体消毒剂必须进入细菌周围的液层中，才能呈现杀菌作用。③每种消毒剂的消毒方法和浓度各有不同，应按产品说明书配制。对于某些有挥发性的消毒药如含氯制剂，应注意其保存方法是否妥当，是否在保存期内，否则会导致消毒效果减弱或失效。④有些消毒剂具有刺激性气味，如甲醛等；有的消毒剂对猪的皮肤有腐蚀性，如氢氧化钠等。当猪舍使用这些消毒剂后，应空置一定时间，不能立即进猪。有的消毒剂有挥发性气味，如来苏儿等，应避免污染饲料、饮水，否则影响猪的食欲。

三、做好免疫接种工作

预防接种是在健康猪群中有计划、有目的地定期使用疫苗，即用疫苗等生物制品通过各种途径接种到猪体内，使猪群在一定时间内获得特异性的抗体，从而获得对传染病的抵抗力。

（1）疫苗是用细菌、病毒等病原，通过人工处理，设法除去或减弱它对动物的致病作用后制成的生物制品。一般可分为活的弱毒疫苗和灭活疫苗两种。通常一种疫苗只对一种特定的传染病有预防的作用。如猪瘟兔化疫苗可用于预防猪瘟。

（2）一些病原菌经过人工培养，可产生大量外毒素，将这些外毒素与病菌分开，再向外毒素中加适量甲醛进行处理，制成既无毒又能使动物产生抵抗力的制剂，就称为类毒素。它能刺激动物产生大量抗毒素，可以起到预防疾病的作用。破伤风类毒素就是一种比较常用的类毒素制剂。

（3）反复多次地给动物注射某种病原菌的类毒素或毒素，可使动物产生抵抗毒素的能力。将具有这种能力的动物血液采集起来，再从中提取血清进行处理，就可得到抗毒素制剂。如破伤风抗毒素就是最典型的一种。

（4）高免血清是从对某种病原微生物有较强抵抗力的动物身上采集血液，分离出血清后再进行处理所得的制剂。兽医上常用的有抗猪瘟血清、抗猪丹毒血清等。

（5）免疫接种的注意事项

①制订科学的免疫程序：根据养殖场的实际情况，结合临近地区传染病流行的情况及规律、猪的用途、日龄、母源抗体水平和饲养管理条件，以及疫苗的种类、性质等方面的因素，制订适宜的防疫计划和免疫程序，实行常年防疫。免疫程序还要根据具体情况随时调整。

②确保疫苗质量：首先，要从正规的渠道采购疫苗，把好疫苗的采购关。产品必须要有批准文号、有效日期和生产厂家，三无产品绝不能用。疫苗需要妥善保存和运送。猪的疫苗大多是冻干的弱毒活疫苗，也有部分灭活疫苗。这些疫苗对保存温度的要求很严格，一般来说，弱毒活疫苗需冷冻（－18℃）保存，且有效期随保存温度而异；灭活疫苗需4℃冷藏保存，严禁冷冻。

③规范免疫接种技术：免疫接种用的器材如注射器、针头、稀释液瓶等都要洗净，必须经煮沸消毒或者高压蒸汽消毒后才能使用。疫苗使用前要充分摇匀，接种剂量要准确，接种途径要适宜。

四、定期驱虫

妊娠母猪产前15天左右驱虫1次，保育阶段驱虫1次，后备种猪转入种猪舍前15天左右驱虫1次，种公猪1年驱虫2～3次。

驱虫时，必须注意药物的选择，既要考虑感染寄生虫的种属、寄生的部位等情况，又应当选择疗效高、毒性低、价格经济实惠、使用方便的广谱驱虫药。许多驱虫药都具有毒性，对于妊娠母猪和仔猪，在使用驱虫药时要选择安全性较高的，尽量不用左旋咪唑等以防止中毒。此外，还应注意休药期，屠宰前3周内不得使用药物。在驱虫药的使用过程中，一定要注意正确合理用药，避免耐药性的产生。驱虫后，应及时清理动物粪便，进行生物热堆积发酵或深埋，便于更好地杀死虫卵和幼虫。地面、墙壁、饲料槽等应使用5%的石灰水消毒，防止排出的虫体和虫卵再次感染猪群。用拟除虫菊酯类、有机磷类药物对环境进行喷洒，以杀灭环境中的寄生虫虫卵或幼虫。

五、药物预防

药物预防是猪病防治的一项主要措施。对病猪要早发现、早用药，能更好地减少经济损失和消除病原体。猪常用的药物种类繁多，可参看有关药品说明书。使用抗生素时，注意不能长期使用同一种，应定期轮换用药，以防耐药性的产生。

六、严格检疫

引进种猪时，要做好检疫工作。引入后应在隔离舍内隔离观察一段时间，同时进行多次严格检疫。确认健康后，方可合群饲养。

除发生疫情后进行临时性检疫外，还应根据当地的疫情调查结果和可能存在的疾病种类，拟定具体的计划，定期进行检疫。

七、及时扑灭疫病

猪群传染病一旦发生，应贯彻"早、快、严、小"的原则，迅速采取扑灭措施。

八、无害化处理

病死猪体内含有大量的病原微生物，是主要的传染源，必须及时进行无害化处理。处理方法通常有化学、深埋和焚烧三种，其中以深埋法最为简便易行，但不彻底。焚烧法最为彻底，但耗费较大且污染环境。处理过程中应视具体情况加以选择。

首先，鸟类、鼠类、蚊子、苍蝇等有害生物携带多种病原体，可以传播多种疾病，如猪口蹄疫、猪流行性乙型脑炎、猪链球菌病、猪附红细胞体病、猪弓形虫病等。其次，鸟类、鼠类造成大量的饲料浪费及污染，经济损失严重。最后，鼠类严重破坏猪场设施设备。所以，猪场必须经常灭鼠、灭蝇、防鸟。

02 第二章
常见细菌性疾病

一、猪巴氏杆菌病

1. 概述

猪巴氏杆菌病又名猪肺疫，俗称"锁喉风"，是由多杀性巴氏杆菌引起的一种急性、热性传染病。该病的特征是最急性型呈败血症症状，在咽喉部发生急性肿胀，病猪高度呼吸困难；急性型呈纤维素性胸膜肺炎症状；慢性型症状不明显，病猪逐渐消瘦，有时伴发关节炎。

2. 临床症状

潜伏期一般1～14天。根据病的发展过程，可分为最急性、急性和慢性三种病型。

（1）最急性型 呈败血症症状，突然发病，迅速死亡。病猪体温突然上升到41～42℃，口鼻等可视黏膜发紫。耳根、颈部、腹部等处出现紫红色斑（图2.1、图2.2）。咽喉肿胀，发红，触诊热而坚实，严重者肿胀向上可蔓延至耳根甚至前胸。病猪呼吸极度困难，常呈犬坐姿势，伸长头颈呼吸，有时发出喘鸣声，口鼻流出白色或红色泡沫。一经出现呼吸症状，即迅速恶化，很快死亡，病程1～2d，病死率100%，未见自然康复的。

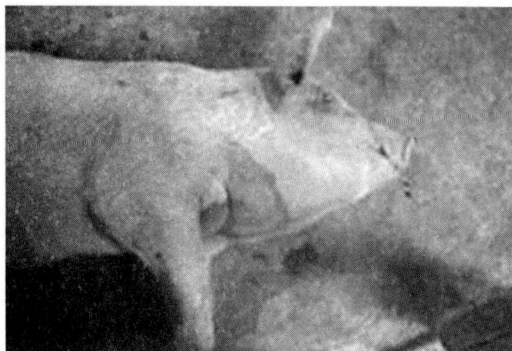

图2.1 病猪全身充血，颈红肿，发硬

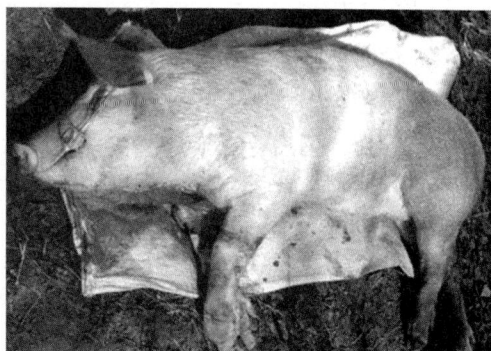

图2.2 病猪全身皮肤充血发红

（2）急性型 往往是胸膜肺炎症状。体温上升至40～41℃。呼吸困难，有短而干的咳嗽，流鼻涕，气喘。有黏液性或脓性结膜炎。初便秘，后腹泻。往往在2～3天内死亡，不死的多转为慢性。

（3）慢性型 主要表现为慢性肺炎和慢性胃炎症状，表现为持续的咳嗽，呼吸困难，进行性营养不良，极度消瘦，常有泻痢现象。如不及时治疗，多经过2周以上衰竭而死，病死率60%～70%。

3. 病理变化

病猪全身黏膜、浆膜和皮下有大量出血斑点，咽喉部及周围组织有出血性浆液浸润。全身淋巴结肿大、出血，切面呈红色。心内外膜有小点出血。肺急性水肿，出血（图2.3），胸膜常有纤维素性附着物，严重时胸膜与肺粘连，胸腔和心包内积有大量淡红色混浊液体。脾有点状出血，但不肿大。胃肠黏膜有卡他性或出血性炎症，肠系膜淋巴结有干酪样病变。

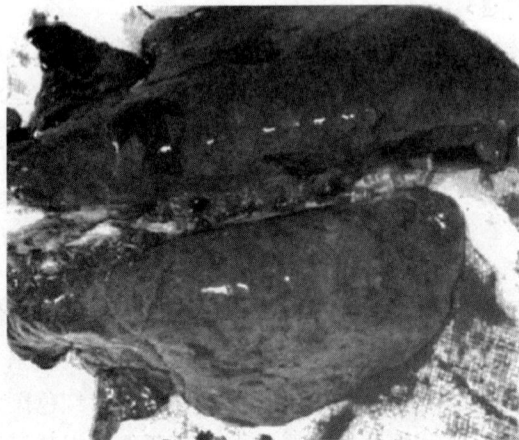

图2.3 肺出血

4. 防治措施

（1）预防 坚持"预防为主"的方针，加强饲养管理，定期消毒。每年春、秋季定期进行预防接种。

（2）治疗 可用青霉素、链霉素、庆大霉素、磺胺类药物及喹诺酮类药物进行治疗。

二、猪链球菌病

1. 概述

猪链球菌病是由多种链球菌引起猪的一类细菌性疾病的总称。急性型常为出血性败血症和脑膜炎，慢性型以关节炎、内膜炎、淋巴结化脓及组织化脓等为特征。该病一年四季都可发生，但以炎热的6—10月多见。猪群饲养密度过大、猪舍卫生条件差、通风不良、气候突变、转群、长途运输及其他各种应激因素都可诱发猪链球菌病的发生与流行。

2. 临床症状

（1）最急性型　病猪突然停食，体温升高至 42℃ 以上，精神沉郁，流浆性鼻液，有的鼻液中带有血性泡沫，粪便带血。颈部、耳郭、腹下、四肢下端皮肤呈紫色，并有出血斑块（图 2.4）。但更多病猪死前未见明显临床症状，最急性者几小时之内死亡，大部分病猪 1～2 天内死亡。

（2）急性型　常突然发病，病初体温升高达 40～41.5℃，继而升高到 42～43℃，呈稽留热，精神差，食欲减少或废绝，喜饮水，眼结膜潮红，呼吸促迫，间有咳嗽，流浆液性、脓性鼻液。颈部、耳郭、腹下及四肢下端皮肤呈紫红色，并有出血点。个别病例出现血尿、便秘或腹泻。病程稍长，多在 3～5 天内因心力衰竭而死亡。

（3）慢性型　多由急性型转变而来，主要表现为多发性关节炎（图 2.5、图 2.6）。一肢或多肢关节发炎。关节周围肌肉肿胀，高度跛行，有痛感，站立困难，严重病例可致后肢瘫痪。最后因体质衰弱、麻痹死亡。

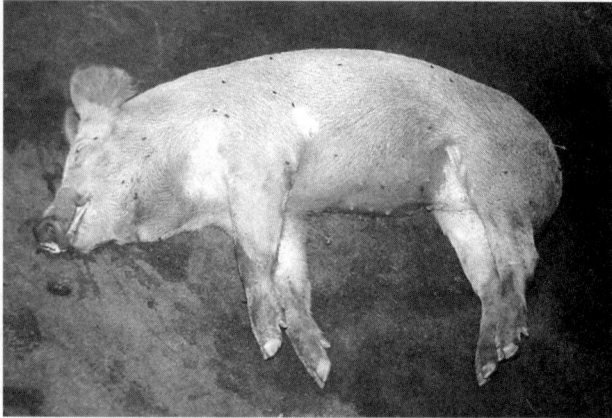

图 2.4　全身皮肤出血发红

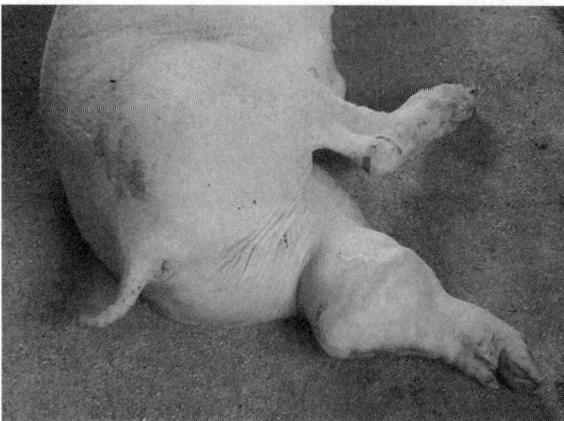

图 2.5　关节脓肿

图 2.6　股前淋巴结形成脓肿

3. 病理变化

急性死亡猪可从天然孔流出暗红色血液，凝固不良。胸腔有大量黄色或混浊液体，含微黄色纤维素样物质。心包积液，心肌柔软，色淡呈煮肉样，心内膜有出血点。喉头、气管充血，内有大量泡沫样液体，肺充血、肿胀（图2.7）。肝肿大（图2.8）、质硬、切面结构模糊，胆囊水肿、囊壁增厚。脾明显肿大（图2.9），呈灰红或暗红色，包膜下有小出血点，边缘有出血梗死区。肾稍肿大，皮质、髓质界线不清，有出血斑点。全身淋巴结水肿、出血。脑脊液增量，脑膜和脊髓软膜充血、出血（图2.10）。患病关节多有浆液性纤维素性炎症。

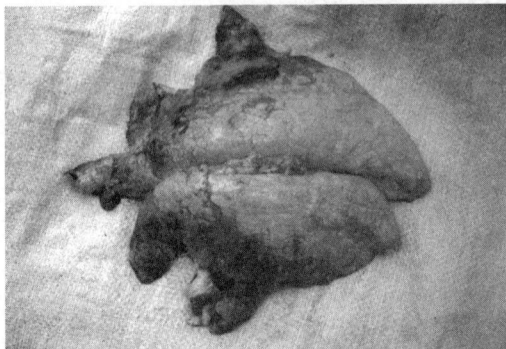

图2.7 肺水肿、充血

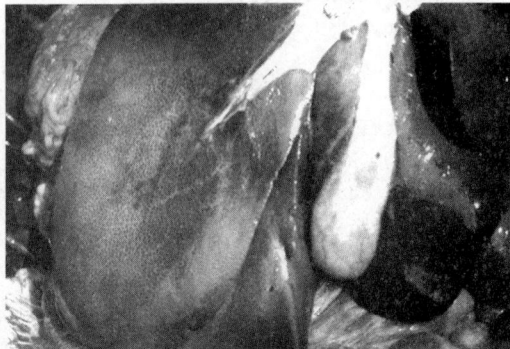

图2.8 肝肿大、淤血、出血

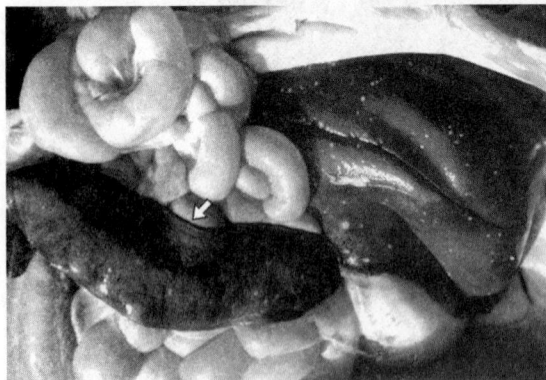

图2.9 脾肿大、败血脾

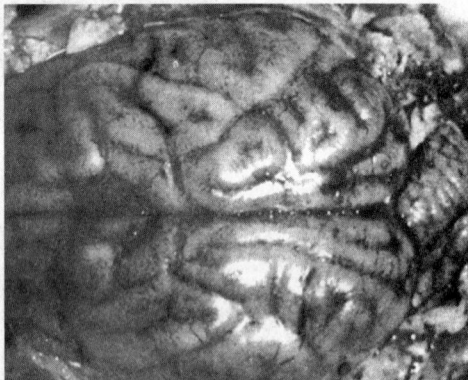

图2.10 脑膜充血、出血

4. 防治措施

（1）预防 应用疫苗进行免疫接种，建议在仔猪断奶后注射2次，间隔21天。母猪分娩前注射2次，间隔21天，以通过初乳母源抗体保护仔猪。

（2）治疗 该病应用抗菌药物治疗有效。目前较有效的抗菌药包括头孢噻呋、青霉素、阿莫西林、庆大霉素、头孢喹肟、恩诺沙星等。

三、猪布鲁氏菌病

1. 概述

布鲁氏菌病简称"布病"，是由布鲁氏菌引起动物和人的一种急性或慢性人兽共患传染病。临床表现为生殖器官和胎膜发生化脓性炎，引起流产、不孕、关节炎、睾丸炎等。

2. 临床症状

母猪妊娠第4～12周多发生流产（图2.11），流产前常表现精神沉郁，阴唇和乳房肿胀，有时阴道流出黏性或脓性分泌物。流产后很少发生胎衣滞留，阴道分泌物一般在产后8～10天内消失。少数情况因胎衣滞留，引起子宫炎和不育。公猪常表现睾丸炎和附睾炎，睾丸显著肿大（图2.12）。皮下脓肿、关节炎、腱鞘炎等症状较少见。

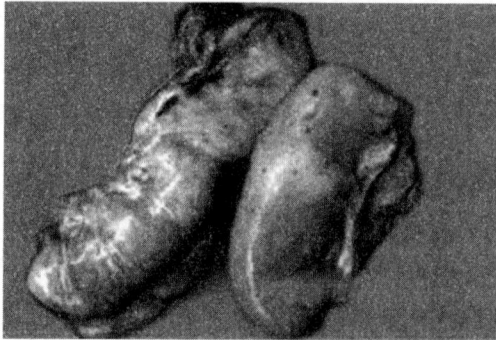

图2.11　母猪流产

（引自江斌 等，《猪病诊治图谱》，2015）

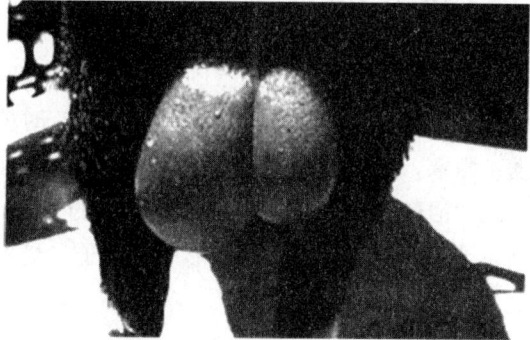

图2.12　公猪两侧睾丸肿大

（引自潘耀谦 等，《猪病诊治彩色图谱》，2004）

3. 病理变化

母猪子宫黏膜上散在分布着很多淡黄色的小结节，结节质地较硬，切开有少量干酪样物质。子宫内膜充血、出血和水肿，表面有少量奶油状卡他性渗出物。胎儿胎盘也充血、出血和水肿，表面有一薄层淡黄色或淡褐色黏液脓性渗出物。输卵管也有类似的结节性病变，有的可引起输卵管阻塞。胎儿皮下水肿，在脐周围尤其明显。胎儿胃中有黏稠、混浊、淡黄色液体，并含有像凝乳状的小絮片。病猪的复合关节，呈滑膜炎，进而发展为化脓性或纤维素性关节炎。

4. 防治措施

本病应该坚持"预防为主"的原则。最好的防治办法是自繁自养，必须引种时，要严格执行检疫。引入的种猪需要隔离饲养2个月，同时进行布鲁氏菌病的检查，全群两次免疫生物学检查阴性者，才可以混群。疫区检疫每年至少进行两次。检出的病猪，应一律无害化处理。猪群中如果发现流产，除隔离流产病畜和消毒环境及流产胎儿、胎衣外，应尽快做出诊断。采取检疫、隔离、控制传染源、切断传播途径及紧急免疫接种等措施。本病尚无特效疗法，一般采用淘汰病猪来防止本病的流行和扩散。病猪、流产的胎儿、胎衣、粪便等应该深埋或采用生物热发酵方法处理。污染的场地、畜舍、用具等应彻底消毒。疫苗接种能有效控制本病，常采用猪 2 号（S2）活疫苗免疫接种。

四、猪传染性萎缩性鼻炎

1. 概述

猪传染性萎缩性鼻炎又称为慢性萎缩性鼻炎或萎缩性鼻炎，是由支气管败血波氏杆菌和多杀性巴氏杆菌引起猪的一种慢性传染病。临床上表现鼻炎、鼻甲骨萎缩、鼻梁变形及生长迟缓等特征，以 2～5 月龄仔猪最易感染。

2. 临床症状

初始病猪打喷嚏和吸气困难，逐渐鼻腔有脓性鼻液流出，有的鼻孔流血。在采食时，病猪常用力摇头，以甩掉鼻腔分泌物。有时鼻端拱地，或在硬物上摩擦。鼻炎常使鼻泪管发生阻塞，引起结膜炎，使泪液分泌增加，在眼眶下形成半月形湿润区，常黏结尘土形成黑色"泪斑"（图 2.13）。由于鼻甲骨的萎缩，使鼻腔短小，如一侧鼻腔发生严重萎缩时，则鼻端弯向受侵害的一侧，形成歪鼻子，受侵害侧鼻孔流血（图 2.14、图 2.15）。个别病例可引起肺炎、脑炎。

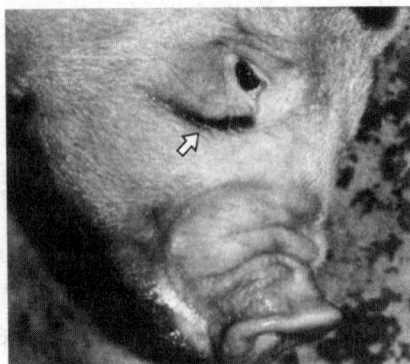

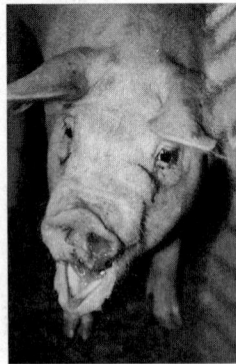

图 2.13　病猪眼角形成"泪斑"　　图 2.14　病猪鼻端歪向　　图 2.15　受害鼻甲骨一侧
　　　　　　　　　　　　　　　　　　　　　　体左侧　　　　　　　　　　鼻孔流血

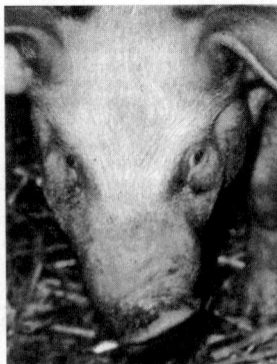

3. 病理变化

鼻腔的软骨组织和骨组织软化萎缩，鼻甲骨下卷曲消失。严重病例鼻甲骨完全消失、鼻中隔弯曲，鼻腔变成一个鼻道（图 2.16）。

图 2.16　鼻中隔弯曲，鼻甲骨萎缩，左侧鼻腔闭塞

4. 防治措施

（1）预防　加强检疫，不从病猪场引进种猪。在常发地区可用猪萎缩性鼻炎油乳剂灭活苗，于母猪分娩前 40 天左右注射免疫。4～8 周龄仔猪再注射一次油乳剂灭活苗。

（2）治疗　发病时应对猪场进行消毒封锁，停止外调，淘汰病猪，更新种猪群。如果不能实现净化猪群，只有对全群实行药物治疗和预防，可用磺胺类药物和卡那霉素、氟苯尼考等抗生素治疗。

五、仔猪黄痢、白痢

1. 概述

仔猪黄痢、白痢主要是由大肠杆菌引起的，以幼龄动物最易感染。仔猪黄痢多发于 7 日龄以内的仔猪，以 1～3 日龄多发。仔猪白痢多发于 10～30 日龄的仔猪，以 10～20 日龄多发。患病动物和带菌者是本病的主要传染源，主要经消化道感染。

2. 临床症状

仔猪出生后还健康，但数小时到数天后即发生下痢。仔猪黄痢主要表现为腹泻，排出黄色浆液状稀粪（图 2.17、图 2.18），内含凝乳小片，病猪很快消瘦，昏迷而死亡。仔猪白痢主要表现为病猪排出乳白色或灰白色糊状粪便（图 2.19），味腥臭，性黏腻。病程 2～3 天，长的达 1 周左右，能自行康复，很少出现死亡。

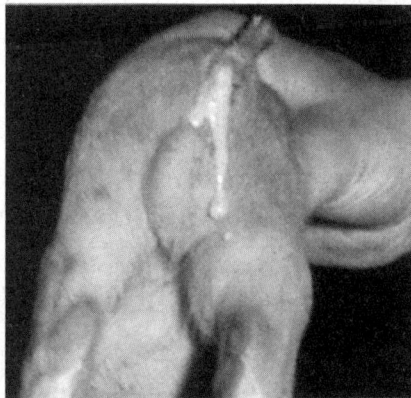

图 2.17　仔猪排出浆液状稀便

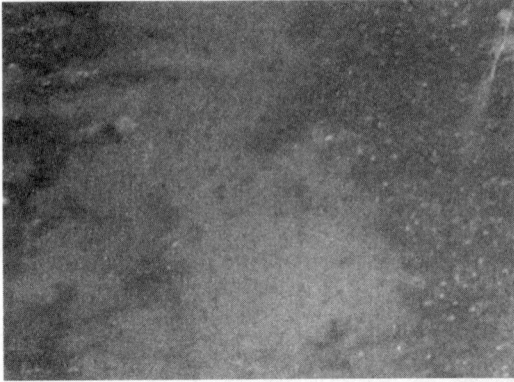

图 2.18　仔猪排出黄色稀便　　　　图 2.19　仔猪排出乳白色稀便

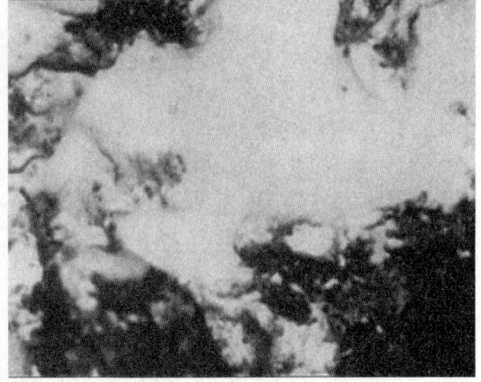

3. 病理变化

患黄痢死亡的仔猪，严重脱水，皮下常见水肿，小肠气肿、充血，肠内充盈黄色稀便（图 2.20），肠系膜淋巴结有弥漫性小点状出血，肝、肾有凝固性小坏死灶。

患白痢死亡的仔猪，消瘦，小肠气肿、充血，肠内充盈白色稀便（图 2.21），肠系膜淋巴结轻度肿大。

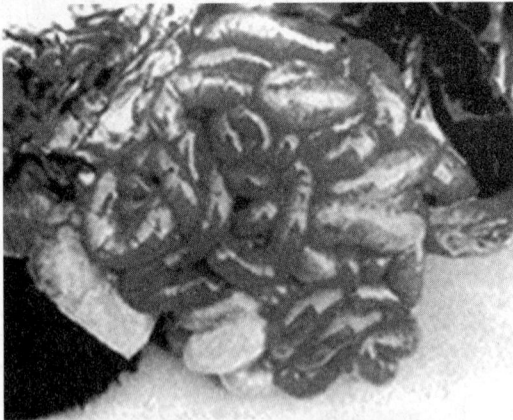

图 2.20　小肠气肿、充血，肠内充盈黄色稀便　　　　图 2.21　小肠气肿、充血，肠内充盈白色稀便

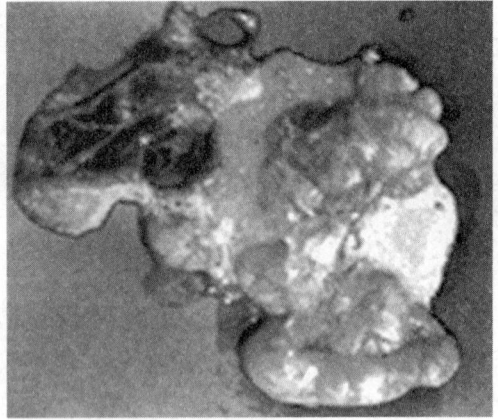

4. 防治措施

（1）加强饲养管理　做好母猪产前、产后的饲养和护理工作，保证仔猪及时吃上初乳，控制适宜的温度，做好防寒保暖工作。

（2）做好免疫接种工作　母猪产前 30 天和 15 天分别注射 1 次仔猪大肠杆菌病 K88、K99 双价基因工程疫苗，可使初生仔猪获得被动免疫。

（3）药物预防　母猪产后在饲料中加入药物，如土霉素、利高霉素等，或仔猪出生当天灌服庆大霉素等，对仔猪黄、白痢有一定的预防作用。

（4）治疗　患仔猪黄、白痢的病猪可选用敏感抗生素，如土霉素、庆大霉素、阿米卡星等进行治疗。

六、仔猪水肿病

1. 概述

猪水肿病是由致病性大肠杆菌引起小猪的一种肠毒血症，主要发生于断奶仔猪，小至数日龄，大至 4 月龄也偶有发生，尤其是生长发育快、体格健壮的仔猪易发病。突然改变饲料、饲养方法或天气突变时可诱发本病。刚出生时发生过黄痢的仔猪一般不会发生本病。

2. 临床症状

病猪突然发病，精神沉郁，食欲减少或口流白沫。体温无明显变化，心跳疾速，呼吸初快而浅，后来慢而深。常便秘，但发病前 1～2 天常有轻度腹泻。病猪静卧一隅，肌肉震颤，不时抽搐，四肢划动作游泳状（图 2.22），触动时表现敏感，发呻吟声或作嘶哑的叫鸣。立时背部拱起、发抖，前肢如发生麻痹，则站立不稳，至后躯麻痹，则不能站立。行走时四肢无力，共济失调，步态摇摆不稳，盲目前进或做圆圈运动。病猪眼睑水肿，充血（图 2.23、图 2.24），有时可波及颈部和腹部皮下组织。

图 2.22 病猪四肢抽搐，划动，游泳状，角弓反张

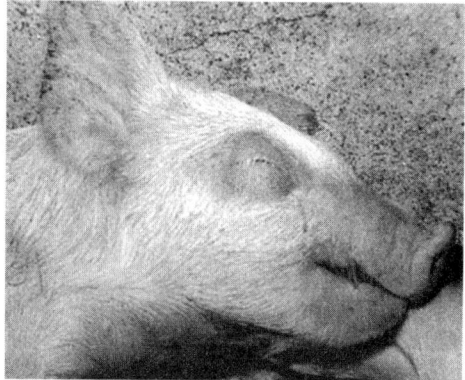

图 2.23 病猪眼睑水肿

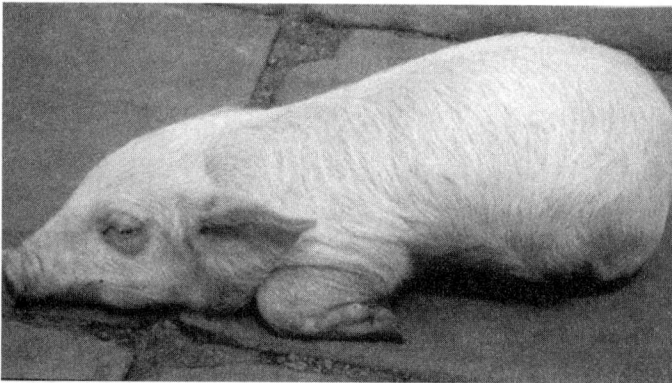

图 2.24 眼睑水肿、充血，前肢呈跪趴姿势

3. 病理变化

病死猪胃壁水肿（图 2.25），多见于胃大弯和贲门部，黏膜层和肌层之间出现胶冻样水肿，胃底部、小肠黏膜有弥漫性出血变化，结肠祥系膜水肿（图 2.26）。淋巴结有水肿、充血、出血等变化。肺水肿，大脑间质有水肿变化，心包和胸、腹腔有较多积液，暴露于空气后则形成胶冻样。

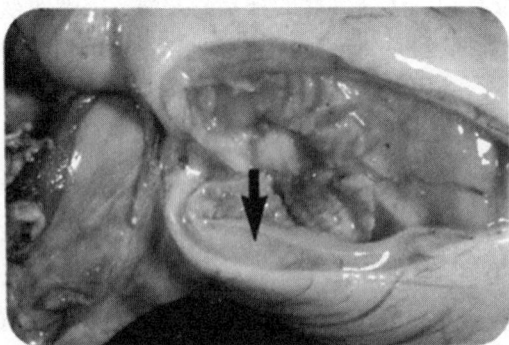

图 2.25　胃壁水肿

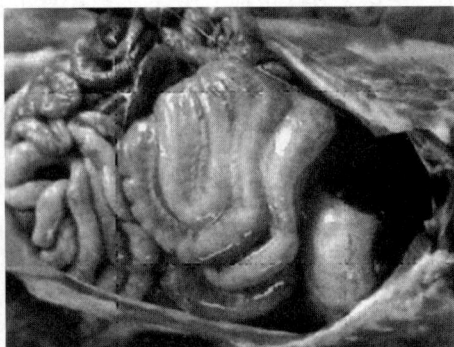

图 2.26　结肠祥系膜水肿

4. 防治措施

（1）治疗　一般选取阿莫西林、氟苯尼考、新霉素、土霉素、恩诺沙星等药物进行治疗。

（2）预防　加强断奶猪的饲养管理，防止突然更换饲料，保持圈舍干燥，加强通风换气，定期消毒。发病猪场，可选用疫苗预防。

七、仔猪红痢

1. 概述

仔猪红痢即猪梭菌性肠炎是由 C 型或 A 型产气荚膜梭菌引起仔猪的一种肠毒血症。本病多发于 1～3 日龄的仔猪，7 日龄以上的猪很少发病。猪场一旦发生本病，不易清除。

2. 临床症状

病猪排出红褐色液体状稀粪，粪便中含有少量组织碎片。病程超过 1 周以上的病猪，表现为间歇性或持续性腹泻，粪便呈黄灰色糊状。病猪消瘦，生长发育迟缓，于数周后死亡。

3. 病理变化

眼观病理变化多见空肠，有时可扩展到回肠。空肠呈暗红色，肠腔内充满含血液体，空肠绒毛坏死，浆膜下和肠系膜中有数量不等的小气泡，肠系膜淋巴结呈鲜红色。病程长的以坏死性炎症为主，病变部覆盖黄色或灰色坏死性假膜，易剥离，肠腔内有坏死组织碎片。脾边缘有小点状出血，肾呈灰白色，肾皮质部有出血点。腹水增多呈红色。

4. 防治措施

目前预防本病最有效的方法是接种疫苗。可选用仔猪红痢灭活疫苗，母猪在分娩前30天、15天，各免疫注射1次，每次5～10毫升，仔猪出生后通过吮吸初乳获得被动免疫。对于母猪和仔猪应加强饲养管理，做好猪舍和周围环境的卫生，定期消毒，母猪分娩前对母猪乳头进行清洗消毒，可减少本病的发生。

八、猪副伤寒（沙门氏菌病）

1. 概述

猪副伤寒又称猪沙门氏菌病，是由沙门氏菌引起的一种仔猪传染病。以1～4月龄的仔猪多发，一年四季均可发生，多雨潮湿季节发病较多。

2. 临床症状

（1）急性型　病猪表现为体温升高至41～42℃，精神沉郁，食欲缺乏。耳朵、鼻端等肢体末梢皮肤淤血，呈弥漫的紫红色（图2.27）。后期出现腹泻。多数病程为3～4天，病死率很高。

（2）慢性型　病猪体温升高至40.5～41.5℃，精神不振，寒战，喜欢钻垫草，堆叠在一起，眼有黏性或脓性分泌物，上下眼睑常被黏着，皮肤出现弥漫性湿疹。病初便秘，后期病猪表现为腹泻、失水、消瘦（图2.28），粪便淡黄色或灰绿色，恶臭。

图2.27　病猪耳朵、鼻端等肢体末梢皮肤淤血，
呈弥漫的紫红色

图2.28　病猪腹泻、失水、消瘦

3. 病理变化

（1）急性型　主要表现败血症变化。脾常肿大，色暗带蓝，坚实似橡皮，切面蓝红

色，肠系膜淋巴结绳索状肿大，切面呈大理石状。肝脏肿大、充血和出血，肝表面可见黄灰色坏死点（图2.29），肾也出现不同程度的肿大、充血和出血。胃肠黏膜可见急性卡他性炎症。全身各黏膜、浆膜均有不同程度的出血斑点。

（2）慢性型　主要表现为坏死性肠炎。盲肠、结肠肠壁增厚，黏膜表面覆盖一层灰黄色或灰白色、弥漫性、糠麸状假膜，剥开假膜可见底部红色、黑色边缘不规则的溃疡面（图2.30）。肠系膜淋巴结呈绳索状肿胀，脾稍肿大，肝有时可见黄灰色坏死点。

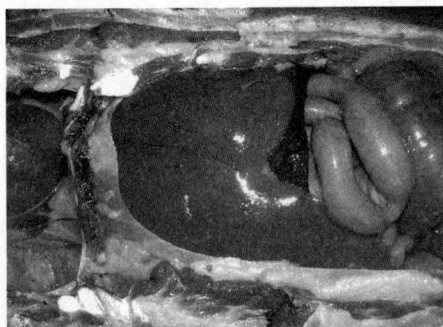

图2.29　肝小灶性、散在性坏死

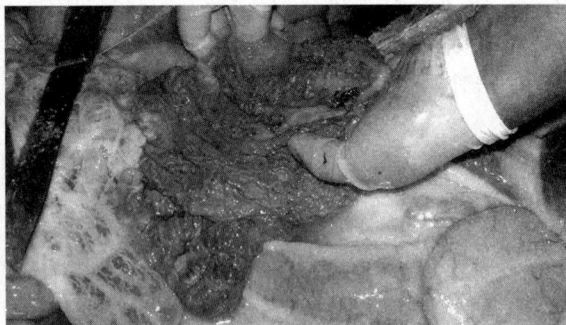

图2.30　盲肠、结肠黏膜糠麸样溃疡

4. 防治措施

加强饲养管理，消除发病诱因，保持饲料和饮水的清洁卫生。常发病猪群可选用猪副伤寒弱毒疫苗进行免疫。

九、猪李氏杆菌病

1. 概述

李氏杆菌病是由产单核细胞李氏杆菌引起的人畜共患传染病。感染猪临床表现为脑膜脑炎、败血症和流产，人感染后主要表现脑膜炎。本病分布于世界各地，我国许多地区也有发生。

2. 临床症状

病猪初期体温升高，后期体温下降至36～36.5℃，意识障碍、共济失调，有的做圆圈运动或无目的行走，有的头颈后仰（图2.31），呈典型的观星姿势。肌肉震颤、强硬，颈部和颊部尤其明显。有的病猪表现两前肢或四肢发生麻痹，不能起立。仔猪多发生败血症，体温上升至41～42℃，精神高度沉郁，呼吸困难，咳嗽、腹泻。妊娠母猪发生流产。

3. 病理变化

本病剖检缺乏特殊的肉眼变化。流产母猪可见子宫内膜充血、坏死，胎盘出血、坏死

图 2.31　病猪头颈后仰（引自江斌 等，2015）

和滞留。有神经症状的病猪，脑膜可能有充血、出血；脑组织充血、炎性水肿；脑脊液增多、浑浊，含较多细胞；脑干变软，有小化脓灶，血管周围有以单核细胞为主的细胞浸润。

4. 防治措施

（1）预防　本病尚无有效的菌苗，预防应搞好环境卫生，消灭鼠类。发病猪立即隔离、治疗或淘汰，并对圈舍、用具及场地全面消毒，死亡尸体深埋或烧毁。

（2）治疗　抗生素对李氏杆菌病有很好的效果，可选用的药物有磺胺嘧啶、青霉素、链霉素等，但对出现神经症状的病畜疗效不佳。同时，需要结合解痉镇痛、强心补液等对症治疗措施。

十、猪丹毒

1. 概述

猪丹毒又称"钻石皮肤病"或"红热病"，是由猪丹毒杆菌引起的一种急性、热性传染病，主要侵害架了猪。其特征表现为急性败血型、亚急性疹块型和慢性型关节炎、心内膜炎和皮肤坏死。

2. 临床症状

（1）急性败血型　在流行初期，有一头猪或数头猪不表现任何症状而突然死亡，接着其他猪相继发病。病猪体温升高至 42℃以上，稽留，厌食，不愿走动，眼结膜充血。初期便秘，后期腹泻。严重时出现呼吸困难，黏膜发绀。病猪全身皮肤发红，指压褪色，停止按压又恢复（图 2.32）。病程 3～4 天，病死率 80% 左右。

（2）亚急性疹块型　病猪体温升高至 41℃以上，精神沉郁，食欲减退，不愿走动，便秘。在胸、腹、背、肩及四肢等部位的皮肤出现大小不等的疹块（图2.33），呈方形、菱形或圆形，坚实，稍突起于皮肤表面，俗称"打火印"或"鬼打印"。疹块出现后，体温开始下降，病势好转，经数日后病情可自行康复。

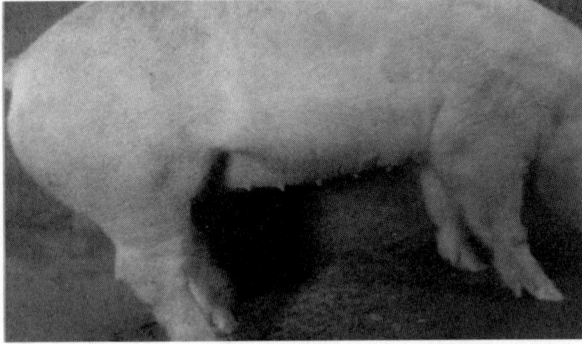

图2.32　病猪全身皮肤发红，指压褪色，停止按压又恢复

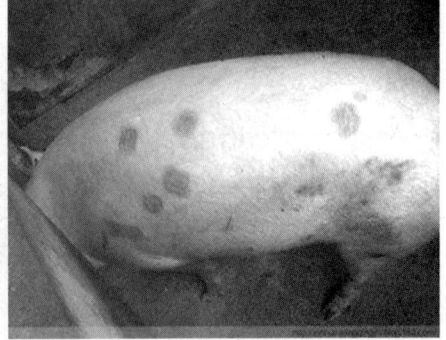

图2.33　病猪皮肤出现大小不等的疹块

（3）慢性型　主要以心内膜炎、关节炎、皮肤坏死为特征：心内膜炎，主要表现为消瘦，贫血，体质虚弱、心脏有杂音；关节炎，可见关节（以腕、跗关节）炎性肿胀、疼痛，四肢关节（以腕、跗关节）炎性肿胀、疼痛，长者关节变形；皮肤坏死，可见病猪的背、肩、耳、蹄和尾部皮肤出现肿胀、隆起、坏死、色黑、干硬似皮革，逐渐与其下层新生组织分离，犹如一层甲壳。

3. 病理变化

（1）急性败血型　病猪呈全身败血症变化，以肾、脾肿大及体表皮肤出现红斑为特征。弥漫性皮肤发红，尤其是鼻、耳、胸、腹部；肺充血、水肿（图2.34）。肝充血。全身淋巴结发红肿大，切面多汁，或有出血，呈浆液性出血炎症。肾脏淤血肿大，呈紫红色，故称为"大红肾"（图2.35）。

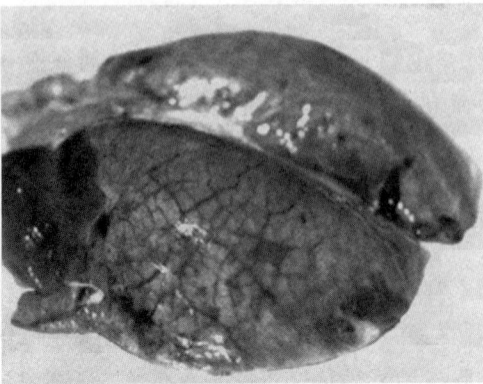

图2.34　肺充血、水肿

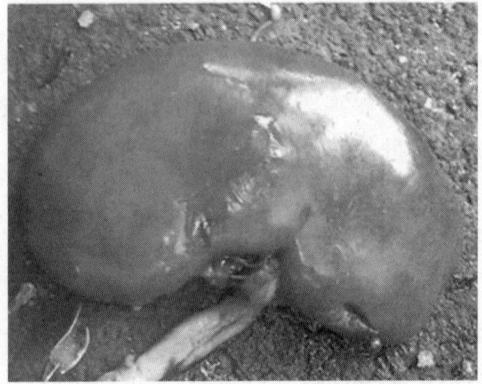

图2.35　肾脏淤血肿大，呈紫红色，故称为"大红肾"

切面皮质部有出血点，脾脏充血呈樱红色，质地松软，显著肿大，切面外翻隆起，脆软的髓质易于刮下，有"白髓周围红晕"现象。心内外膜有出血点。胃、十二指肠、回肠或整个肠道都有不同程度的卡他性或出血性炎症。

（2）亚急性疹块型　以颈、背、腹侧皮肤疹块为特征，疹块内血管扩张，皮肤和皮下结缔组织水肿浸润，有时有小出血点。

（3）慢性型　疣状心内膜炎，可见一个或数个瓣膜上有灰白色增生物，呈菜花状。多发性增生性关节炎，可见关节肿胀，有多量浆液性纤维素性渗出液。

4. 防治措施

（1）治疗　病猪可使用青霉素和猪丹毒免疫血清配合使用效果最好：青霉素按每千克体重 2 万～3 万国际单位，肌内注射；猪丹毒免疫血清按每千克体重 0.5 毫升，肌内注射，每天 3 次，连用 2～3 天。

（2）预防　每年春秋季可使用疫苗进行预防接种，目前使用的有猪丹毒灭活疫苗、猪丹毒弱毒活疫苗、猪瘟-猪丹毒-猪肺疫三联活疫苗等，免疫期一般为 6 个月。

十一、副猪嗜血杆菌病

1. 概述

副猪嗜血杆菌病是由副猪嗜血杆菌引起猪的一种传染病，主要表现为猪的浆液性或纤维素性多发性浆膜炎、关节炎和脑膜炎，也可表现为肺炎、败血症和猝死。该病只感染猪，从 2 周龄到 4 月龄的猪均易感染，主要在保育阶段发病。病死率一般为 30%～40%。

2. 临床症状

病猪主要表现为发热、食欲缺乏、厌食、反应迟钝、可视黏膜发绀、呼吸困难、咳嗽、疼痛、多发性关节炎、关节肿大、跛行（图 2.36 至图 2.38）、颤抖、共济失调、消瘦和被毛凌乱。急性感染后可能留下后遗症，即母猪出现流产，公猪慢性跛行。

图 2.36　多发性关节炎

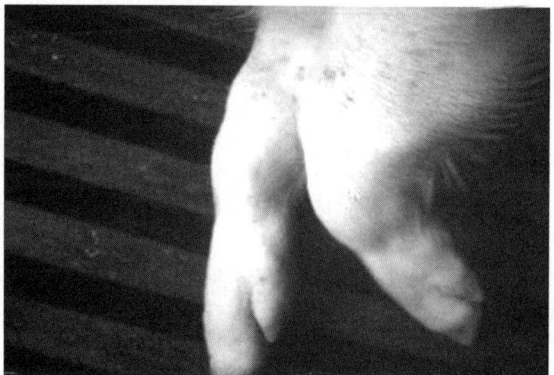

图 2.37　关节肿大、跛行

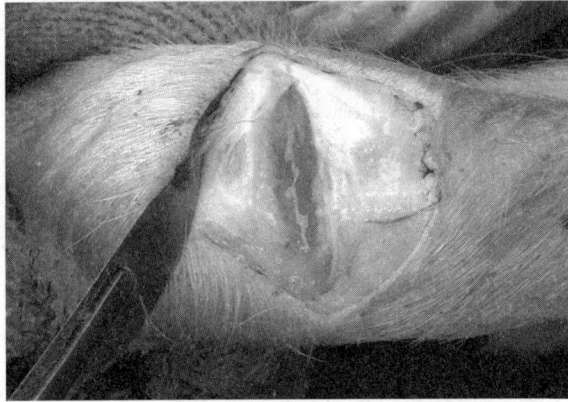

图 2.38 关节肿胀、有大量纤维素样渗出物

3. 病理变化

病猪的腹膜、心包膜、胸膜、肝脏和肠浆膜可见浆液性和化脓性纤维蛋白渗出（图 2.39、图 2.40），损伤也可能涉及脑和关节表面，尤其是腕关节和跗关节。

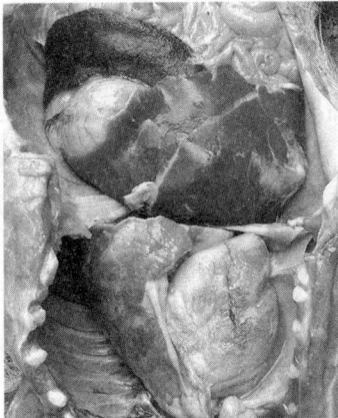

图 2.39 心包炎、胸膜肺炎、腹膜炎

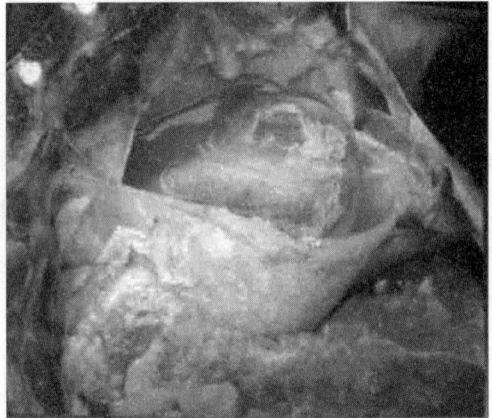

图 2.40 心包炎

4. 防治措施

加强饲养管理，以减少或消除其他呼吸道病原，如提前断乳，减少猪群流动，杜绝养殖生产各阶段的混养状况等。当猪群发病时，主要采用替米考星和氟苯尼考拌料或饮水给药，阿莫西林等肌内注射。

十二、猪支原体肺炎

1. 概述

猪支原体肺炎又称为猪地方流行性肺炎，俗称"猪气喘病"或"喘气病"，是由猪肺炎支原体引起的猪的一种慢性呼吸道传染病。临床上主要表现咳嗽和气喘等临床症状，特征性病变是肺的尖叶、心叶、中间叶和膈叶前缘呈肉样或虾肉样实变。本病冬春寒冷季节多见（特别是温差比较大的时候）。猪舍通风不良、猪群拥挤、气候突变、阴湿寒冷、饲养管理和卫生条件不良均可促进本病发生，加重病情。如有继发感染，则病情更重，常见的继发病原体有巴氏杆菌等。

2. 临床症状

潜伏期 11～16 天，根据病程可分为急性、慢性和隐性感染。

（1）急性型　见于新发猪群，以仔猪、妊娠母猪和哺乳仔猪多发。病猪剧喘，腹式呼吸或犬坐姿势（图 2.41）。时发痉挛性阵咳，清晨进食前后及剧烈运动时最明显。体温一般正常，有继发感染则体温升高。食欲大减或废绝，日渐消瘦，病程均 1 周，病猪常因窒息而死，病死率高。

（2）慢性型　多见于老疫区的架子猪，高肥猪和后备母源，长期咳嗽，清晨进食前后及剧烈运动时最明显，严重的可发生痉挛性咳嗽，饲养条件和气候的改变，症状时而缓和，病猪体温不高，但消瘦，发育不良，被毛粗乱，病程长达 2 个月，有的在半年以上，病死率不高。

（3）隐性型　不表现任何症状，或偶见个别猪咳嗽。

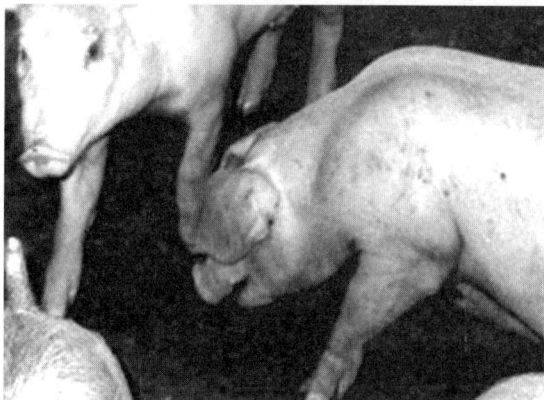

图 2.41　张口呼吸，犬坐姿势

3. 病理变化

肺心叶，病变开始有粟粒大至绿豆大，然后逐渐扩展到尖叶，中间叶及膈叶前下缘，形成融合性支气管肺炎。肺两侧病变大致对称，病变部肿大（图 2.42），淡红色或灰红色半透明状，界限明显，像鲜嫩的肌肉样肉变，如病程延长加重，病变部呈胰变或虾肉样变（图 2.43）。若继发细菌感染，可引起肺和胸膜的纤维素性、化脓性和坏死性病变。

图 2.42 肺部出血、肿大
（引自 Swine health handbook）

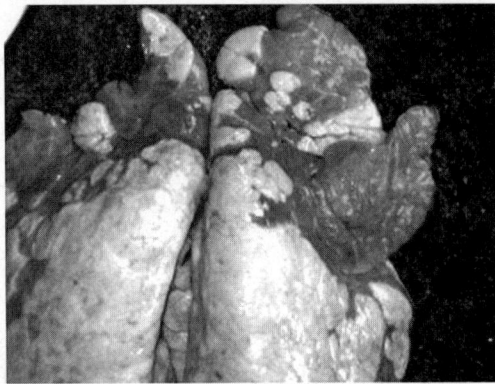

图 2.43 肺尖叶、心叶、中间叶淡红色或
浅紫色，呈"虾肉样"病变

4. 防治措施

（1）预防 给种猪和新生仔猪接种猪气喘病的弱毒冻干疫苗，每年 8—10 月给种猪和后备猪注射猪气喘病的毒菌苗 1 次。

（2）治疗 大环内酯类（如泰乐菌素、替米考星等）和四环素类（如多西环素）是首选药物，但需要注意使用抗生素不会使损伤的组织恢复，且一旦停止用药容易复发；支原体的耐药性较强。

十三、猪衣原体病

1. 概述

猪衣原体病是由衣原体引起的一种慢性、接触性人畜共患的传染病，以母猪的流产、死产、弱仔，公猪的睾丸炎、尿道炎、阴茎炎，仔猪的肺炎、肠炎、结膜炎、多关节炎和脑炎为其主要特征。本病分布于世界各地，我国也有发生，对养殖业可造成严重危害。

2. 临床症状

母猪流产（图 2.44）、早产、死胎及产出无活力的弱仔。早期流产可发生在妊娠的前 2 个月。大多数母猪流产发生在正产期前几周，初产母猪的流产率为 40%～90%，但二胎以上的经产母猪流产率低。公猪多表现为睾丸炎、附睾炎、尿道炎、阴茎炎，精液品质及精子活力下降，精液长时间带菌并感染受配母猪。

2～3 周龄仔猪患衣原体性胃肠炎时，出现腹泻，机体迅速脱水及出现全身中毒症状，病死率达到 70% 以上。2～4 月龄小猪多表现为肺炎，体温升高，精神沉郁，干咳、呼吸困难，从鼻腔流出浆液性分泌物，虚弱，生长发育明显落后。有些还可并发结膜炎（图 2.45），表现为畏光、流泪，结膜高度充血，潮红，角膜混浊。有的病猪还出现神经症状，兴奋、尖叫，突然倒地，四肢做游泳状划动，短时间后恢复正常，病死率为 20%～60%。

断乳前后的仔猪多并发浆膜炎（胸膜炎、腹膜炎、心包炎）。多数仔猪表现关节炎，关节肿痛，后肢跛行，不愿走动等，极少引起死亡。

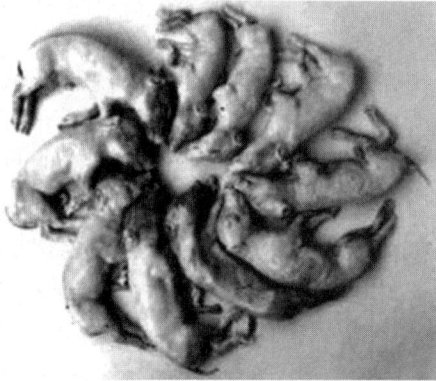

图 2.44　母猪流产（引自江斌 等，2015）

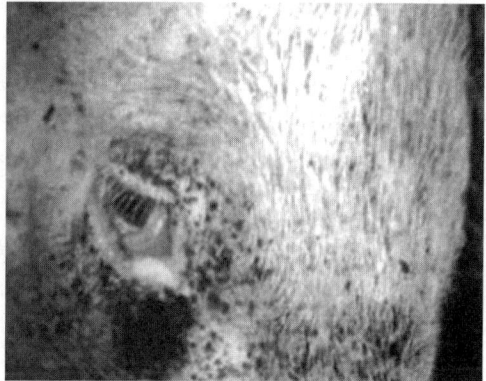

图 2.45　结膜炎（引自江斌 等，2015）

3. 病理变化

流产母猪子宫内膜充血、水肿，间或有 1～1.5 厘米的坏死灶。流产胎儿皮肤上有淤血斑，皮下水肿，胸腔、腹腔内积有多量淡红色含纤维蛋白絮片的渗出液，肝肿大、呈土黄色，心内外膜有出血点，脾肿大。肺呈紫茄色，水肿，间质增宽。肠浆膜变红，膀胱黏膜有卡他性炎症，膀胱壁水肿、增厚。公猪睾丸色泽及硬度改变，阴茎体坏死，输精管有出血性炎症，腹股沟淋巴结肿大 1.5～2 倍。

4. 防治措施

（1）预防　加强检疫，慎重引种。不能用未加工和未经无害化处理的畜产品及副料喂猪。平时应驱除和消灭猪场中的啮齿动物及鸟类。加强饲养，提高机体抗病力，加强管理及环境卫生，定期消毒并处理好动物的排泄物。母猪在配种后 1～2 个月用衣原体灭活疫苗免疫，间隔 10～20 天二免。公猪每年注射疫苗 2 次，仔猪 30 日龄时注射疫苗。

（2）治疗　可用四环素、金霉素等抗生素进行治疗，连用 1～2 周。

十四、猪附红细胞体病

1. 概述

附红细胞体病是由附红细胞体寄生于猪等多种动物和人的红细胞表面或游离于血浆、组织液及脑脊髓液中引起的一种人兽共患病，又称为"猪红皮病"。临床上以发热、皮肤发红、贫血、黄疸，妊娠母猪流产、产死胎为特征。

本病一年四季均可发生，但多发于夏、秋或多雨、吸血昆虫活动频繁季节，呈散发或地方流行。各年龄、品种、性别的猪均易感染，多发于仔猪和母猪。病猪和隐性感染猪是主要传染源。可通过接触、血源、交配及媒介昆虫叮咬等多种途径传播。病愈后可长期携带病原，成为传染源。气候恶劣、饲养管理不当等应激因素可诱发或加重疫情。

2. 临床症状

急性型主要发生于哺乳仔猪和断奶仔猪，尤其是被阉割后的仔猪更容易感染该病。病猪发热，食欲减退，眼结膜苍白或黄染。耳朵、颈下、胸前、腹下、四肢内侧等部位皮肤呈紫红色（图2.46至图2.48），指压不褪色，尤其是背、腰及四肢末梢发绀明显，呈"红皮猪"。皮肤毛孔有细小红色的点状出血斑，特别是耳部、肩背部、臀部等处明显。急性感染后存活的仔猪生长缓慢，并有再次感染发病的可能。

慢性型主要发生于育肥猪和母猪。育肥猪发病后出现发热，精神沉郁，食欲不振，皮肤潮红，毛孔处可见出血斑，以耳部、背部明显。

母猪常在进入产房或分娩后3～4天出现临床症状，主要表现为发热，厌食，黏膜苍白或黄染（图2.49），泌乳量减少，缺乏母性。母猪也可出现不发情、屡配不孕、早产或流产。

有的病猪常出现渐进性衰弱、消瘦，皮肤苍白、发黄、有陈旧性斑点（图2.50），而精神、食欲等无异常。

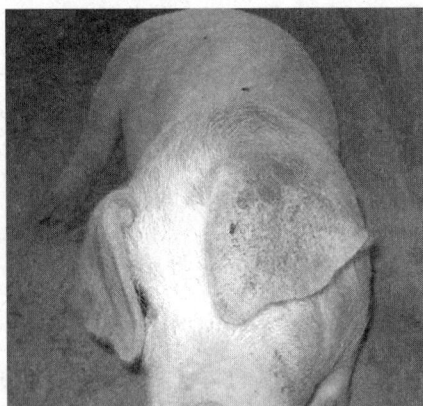

图2.46　耳朵皮肤有出血点

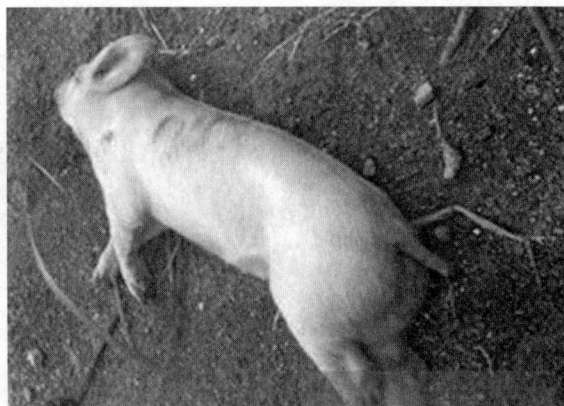

图2.47　肢端皮肤呈蓝紫色

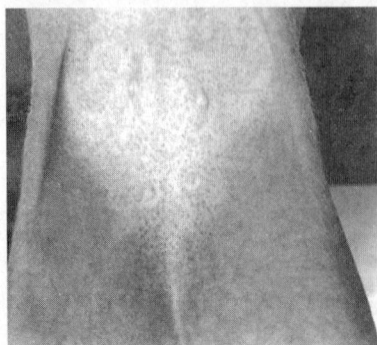

图2.48　腹部可见针尖大小的
　　　　黑紫色出血点

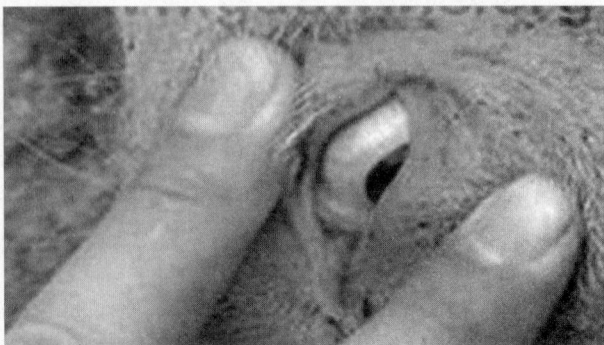

图2.49　眼结膜黄染

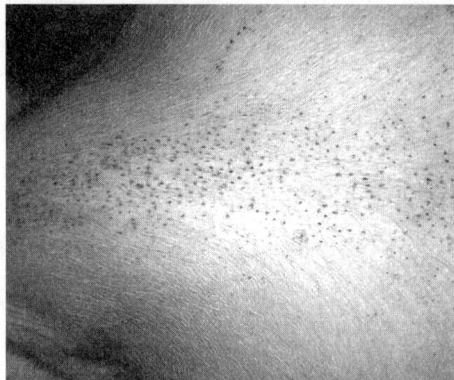

图2.50 皮肤苍白、发黄、有陈旧性斑点

3. 病理变化

主要病变为溶血性贫血，黄染，血液稀薄，凝固不良。剖检时全身肌肉、皮下组织水肿和弥漫性黄染，黏膜、浆膜苍白、黄染。全身淋巴结肿大、潮红、黄染。脾脏肿大（图2.51），表面有一层假膜，呈暗红色或黄色，边缘不齐，有的有梗死灶或针尖大出血点。喉头黏膜、气管外浆膜、心包浆膜、肺浆膜、胸腔肝脏呈土黄色（图2.52），肠道黄染（图2.53）。

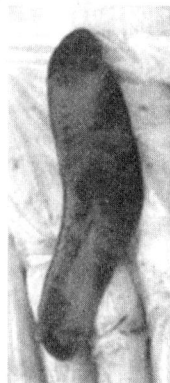

图2.51 脾脏肿大

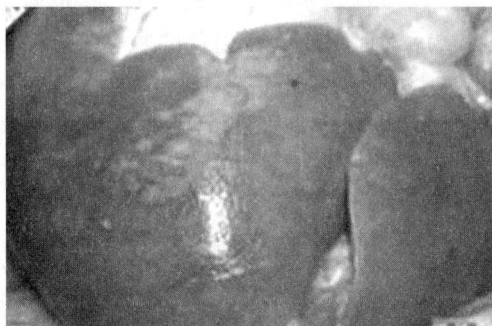

图2.52 肝脏呈土黄色

图2.53 肠道黄染（引自刘佩红 等，2015）

4. 防治措施

（1）预防 加强饲养管理，保持猪舍卫生，定期消毒，给予全价饲料，增强机体抵抗力，减少应激反应，做好粪便的无害化处理，尤其是夏秋季节要定期驱杀（蚊、蝇、血虱）吸血昆虫。

（2）治疗 对于发病猪群，可在饲料中添加四环素，连续饲喂7天。对个体，可选用四环素、长效土霉素等药物进行治疗。同时采取支持疗法，饮水中加入口服补液盐，必要时要考虑输液、补铁等措施。

第三章

常见病毒性疾病

一、猪　瘟

1. 概述

猪瘟是由猪瘟病毒引起猪的一种高度传染性、致死性的传染病，俗称"烂肠瘟"。世界动物卫生组织（WOAH）将其列入 WOAH 疫病名录，为必须报告的动物传染病，我国也将其列为一类动物传染病。自 1883 年在美国俄亥俄州首先发现本病后，百余年来猪瘟在世界上各养猪国家都有不同程度流行的报告。它给世界养猪业造成了巨大的经济损失，是猪病中危害最大、最受重视的疾病之一。

2. 临床症状

病猪表现精神委顿，发热至 40℃ 左右，喜卧、弓背、寒战及行走摇晃。食欲减退或废绝，喜欢饮水。初期便秘（图 3.1），干硬的粪球表面附有大量白色的肠黏液，后期腹泻，粪便恶臭，带有黏液或血液。最后，在猪的腹部、大腿和耳朵处会呈现紫色斑点（图 3.2）。在发病过程都可能呈现抽搐。母猪妊娠期感染猪瘟，可导致流产、产死胎、弱仔或木乃伊胎（图 3.3、图 3.4）。

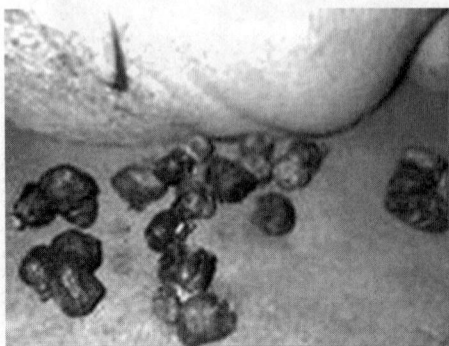

图 3.1　便秘

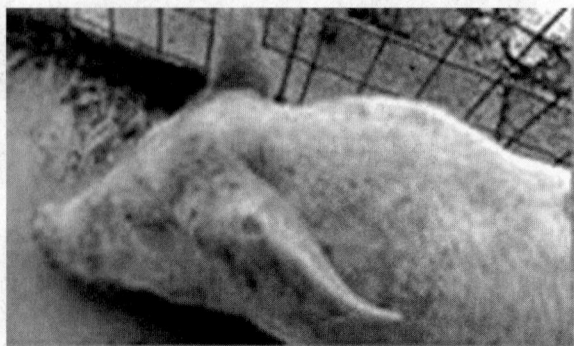

图 3.2　皮肤斑点状出血

图 3.3　母猪流产，产死胎

图 3.4　母猪产弱仔

3. 病理变化

病猪全身浆膜、黏膜出现大小不等、多少不一的出血点或出血斑（图 3.5）。淋巴结周边出血严重并呈大理石样（图 3.6）。肾脏颜色变浅，呈土黄色，被膜下可见出血点，俗称"雀斑肾"（图 3.7），切开后多见皮质部也有出血点（图 3.8）。脾脏一般不肿大，但有的发病猪的脾脏边缘呈锯齿状出血，常在边缘及尖端有大小不等的出血性梗死（图 3.9）。扁桃体出血、坏死。有的病猪有纤维素性胸膜肺炎病变（图 3.10）、回盲口附近有溃疡（纽扣状溃疡）（图 3.11）。

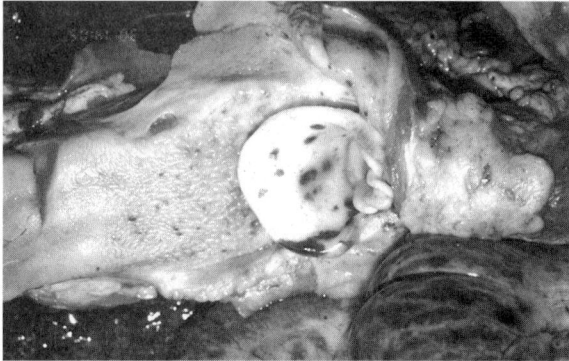

图 3.5　会厌、喉头黏膜出血斑点

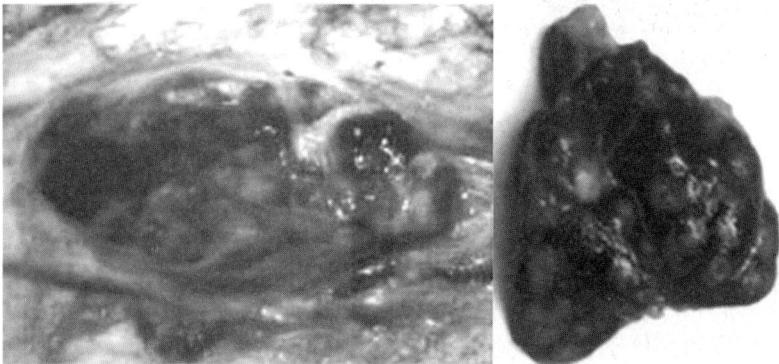

图 3.6　淋巴结周边出血

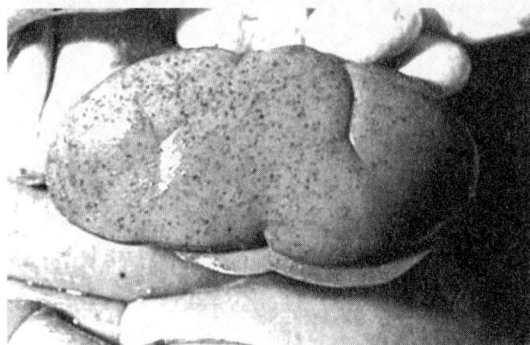

图 3.7　肾脏小点出血"雀斑肾"

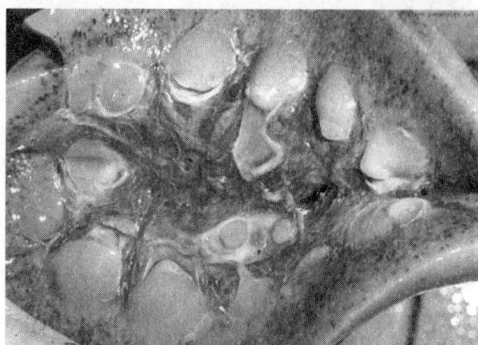

图 3.8　肾皮质髓质区域小点出血及
肾盂黏膜出血

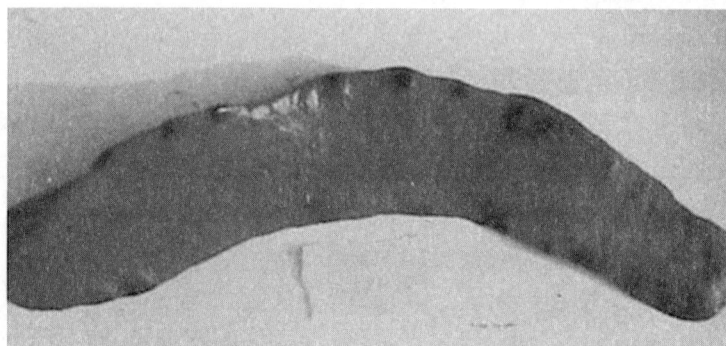

图 3.9　脾出血性梗死

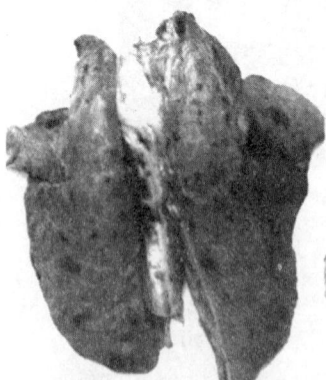

图 3.10　肺散在出血斑点

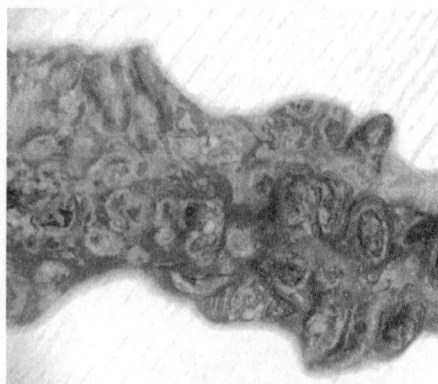

图 3.11　大肠纽扣状溃疡

4. 防治措施

（1）做好猪群的净化工作　要做好猪瘟监测工作，定期检测猪群是否有猪瘟野毒感染，对检出的病毒阳性猪，要坚决淘汰。新引进的种猪须严格检查，经一个月的隔离饲养后，检测合格方可混群饲养。

（2）提高饲养管理水平　合理搭配日粮，提供营养全面均衡的优质饲料，提高猪的免疫力。通过控制饲养密度，做好防寒保暖、防暑降温工作，加强通风，保持舍内空气质量良好，以减少猪群的应激。加强卫生防疫管理，进入场区的人员、车辆、物资必须经过严格消毒后方可进场，定期对场区、圈舍和器具进行消毒。应轮流使用消毒药，防止产生耐药性，影响消毒效果。

（3）制订合理的免疫程序　建议用猪瘟兔化弱毒疫苗在仔猪20日龄左右首免，60～65日龄二免。母猪配种前的1个月免疫一次。

（4）治疗　发病后，可用庆大霉素、氨苄西林钠等药物控制猪群的继发感染；亦可用黄芪多糖注射液、板蓝根注射液等药物提高猪群的抗病能力。

二、非洲猪瘟

1. 概述

非洲猪瘟是由非洲猪瘟病毒感染引起的一种急性、烈性传染病，被称为养猪业"头号杀手"。世界动物卫生组织（WOAH）将其列为法定报告的动物疫病，我国将其列为一类动物疫病。猪感染后，发病率和病死率可高达100％。

2. 临床症状

病猪表现持续高热，精神沉郁、食欲减退、震颤、扎堆、呼吸急促、皮肤发红，耳、四肢、腹部皮肤黏膜广泛性出血、发绀（图3.12），鼻孔出血（图3.13）。后期可能发生便秘，粪便表面有血液和黏液覆盖，或腹泻、粪便带血。病程1～7天，病死率高达100％。有的病猪发生肺炎，怀孕母猪感染引起流产（图3.14）。

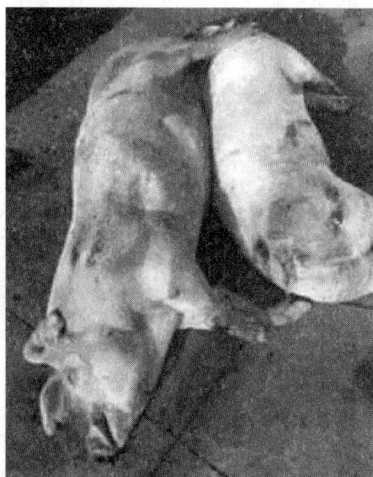

图3.12　皮肤有出血、发绀

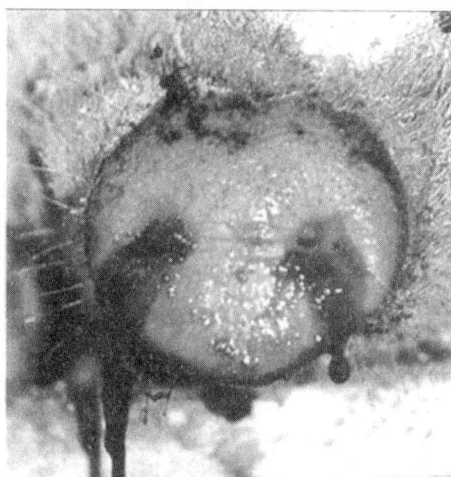

图3.13　鼻孔出血

图 3.14　母猪流产

3. 病理变化

非洲猪瘟主要病变表现在淋巴结严重出血、水肿（图 3.15），切面呈大理石样花纹。脾脏肿大，易碎，呈暗红色至黑色（图 3.16）。肾脏（图 3.17）、心内膜和心外膜有大量出血点，胃、肠道、膀胱黏膜弥漫性出血（图 3.18、图 3.19）。胆囊、肺脏充血肿大，表面有出血点（图 3.20）。

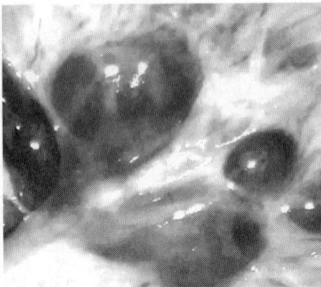

图 3.15　淋巴结肿大、形如黑色血瘤

图 3.16　脾脏异常肿大至正常的 3～6 倍，黑色，易脆

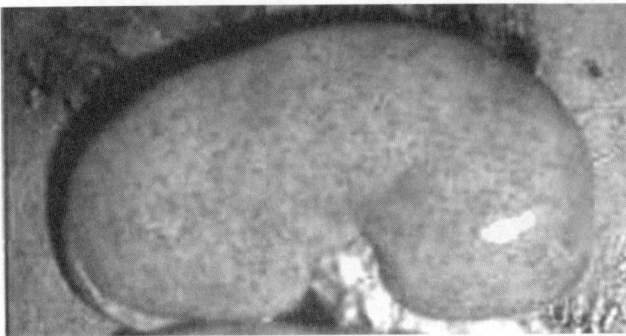

图 3.17　肾脏有大量出血斑点

图 3.18　膀胱黏膜严重出血

图 3.19　小肠浆膜点状或弥漫性出血

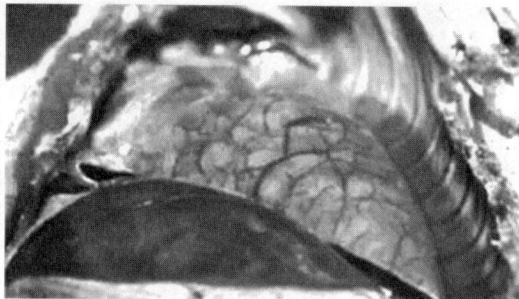

图 3.20　肺间质水肿

4. 防治措施

本病主要以预防为主。一是做好生物安全，严格消毒措施，外来车辆、人员严禁进入猪场。驱虫，驱蚊蝇，杀灭节肢动物。坚持全进全出。二是如果发现异常，要马上隔离并报告，禁止易感动物及其产品、饲料及垫料、废弃物、运载工具、有关设施设备等移动，并对其内外环境进行严格消毒。必要时可采取封锁、扑杀等措施。

三、猪繁殖与呼吸综合征

1. 概述

猪繁殖与呼吸综合征是由猪繁殖与呼吸综合征病毒引起的猪的繁殖障碍和呼吸系统的传染病，由于部分病猪耳朵发紫，故俗称"猪蓝耳病"。临床上以母猪流产、死产和产弱仔为特征，出生后仔猪的死亡率增加；哺乳仔猪表现高热、呼吸困难等呼吸道症状。猪繁殖与呼吸综合征传染性强，是一种危害养猪业的高度接触性传染病。目前几乎存在于所有的猪群，流行范围广，对养猪业可造成持久的危害，是影响我国养猪业健康发展最严重的疫病之一。

2. 临床症状

妊娠母猪多数在妊娠后期（107～112 天）发生流产（图 3.21、图 3.22），分娩出死胎、弱仔、木乃伊胎及未成熟胎儿，胎儿大小基本一致。往往在这种现象持续 6 周后出现重新发情，但常造成母猪不育或产奶量下降，有的母猪出现神经症状。初产仔猪在出生后不久或几天内死亡，临床上表现为呼吸困难、打喷嚏等呼吸道症状，表现肌肉震颤、后肢麻痹、共济失调等神经症状，有的仔猪耳部发紫（呈"蓝耳"症状）和躯体末端皮肤发绀（图 3.23 至图 3.26）。病程后期常由于多种病原的继发性感染而导致病情恶化，死亡率高达 80%。公猪感染后表现为咳嗽、打喷嚏、精神沉郁、食欲不振、高热等症状，其精液品质下降。

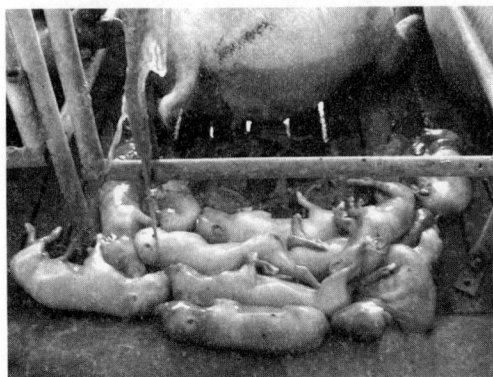

图 3.21　母猪流产

图 3.22　母猪流产（引自 Swine health handbook）

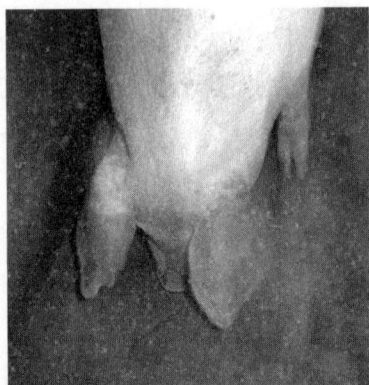

图 3.23　病猪耳部皮肤发绀，呈"蓝耳"症状

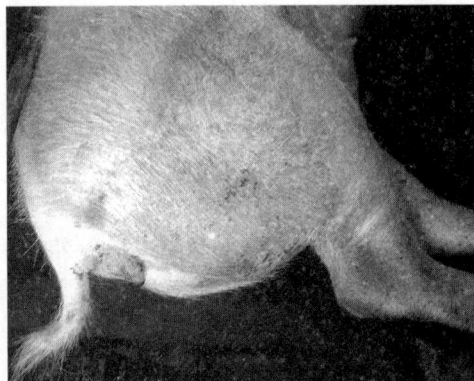

图 3.24　局部皮肤紫蓝色

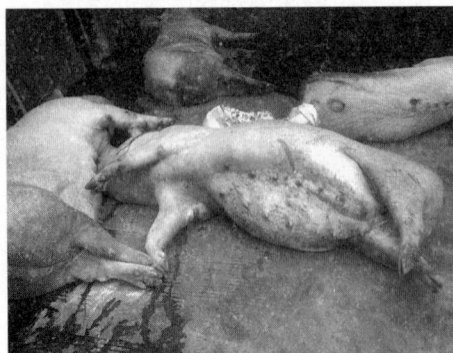

图 3.25　腹部、股部皮肤紫红色

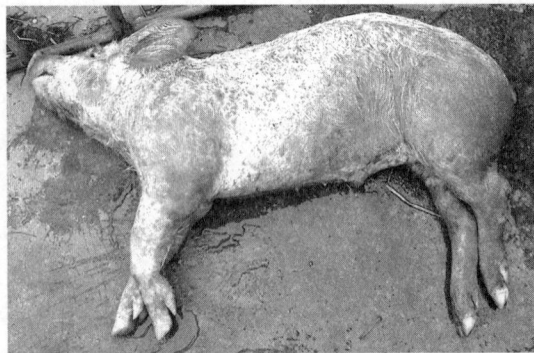

图 3.26　全身皮肤出血，呈蓝紫色

3. 病理变化

剖检死胎儿、弱仔和发病仔猪表现间质性肺炎，肺呈"胸腺样"或呈褐色或褐色的肝变（橡皮肺）（图 3.27、图 3.28）。此外，还可见淋巴结显著肿大，胸腹腔和心包积液、

心脏肿大并变圆，眼睑及阴囊水肿。

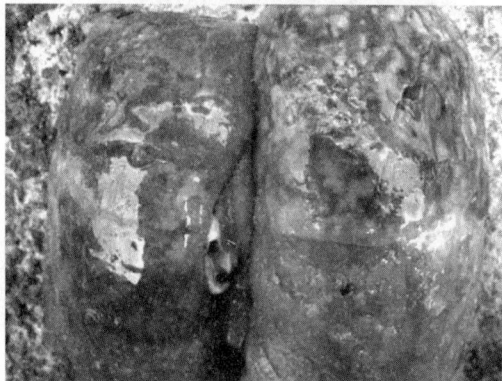

图 3.27　间质性肺炎，肺部塌陷，肿胀（橡皮肺）

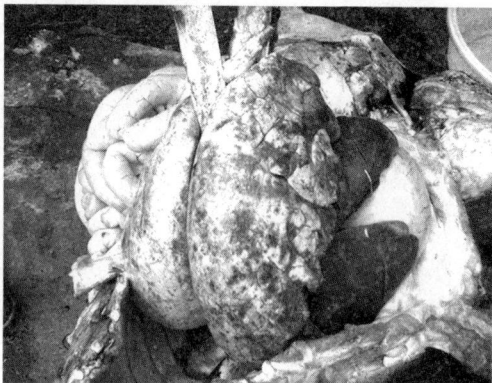

图 3.28　广泛性肺炎和肉质样实变

4. 防治措施

（1）加强检疫措施　引进种猪应至少隔离饲养 3 周，进行猪繁殖与呼吸综合征血清学检查，阴性者方可混群。平时应做好猪群检疫，发现阳性猪群应做好隔离和消毒工作，污染群中的猪只不得留作种用。

（2）加强饲养管理和环境卫生消毒　降低饲养密度，保持猪舍干燥、通风，减少各种应激因素，并坚持全进全出制度饲养。

（3）疫苗免疫接种　常用的疫苗是弱毒苗或灭活苗，初产母猪在产前 4 周接种一次疫苗；经产母猪可在配种前补免一次；种公猪每年免疫一次，在配种前再免疫一次。仔猪 14～18 日龄时接种弱毒苗，4～6 周龄加强免疫一次。

（4）发病猪群可用氨苄西林钠、泰乐菌素或卡那霉素等抗生素控制细菌继发感染。

四、猪流行性感冒

1. 概述

猪流行性感冒是猪的一种急性、高度接触性呼吸道传染病。临床上以传播迅速、发热、咳嗽、呼吸困难及迅速转归为特征。该病可全年传播，但秋冬季高发。猪流感具有很强的传染性，且发病急，给养猪业造成很大的危害和经济损失。猪流感病毒也可感染人类，极大地威胁人类的生命健康。

2. 临床症状

病猪体温突然升高到 41～42℃，食欲减退，甚至废绝，精神沉郁，肌肉和关节疼痛，常卧地不愿起立或钻卧垫草中堆挤在一处（图 3.29），呼吸急促，呈腹式呼吸，夹杂阵发性痉挛性咳嗽。粪便干硬。眼和鼻流出黏性分泌物（图 3.30）。

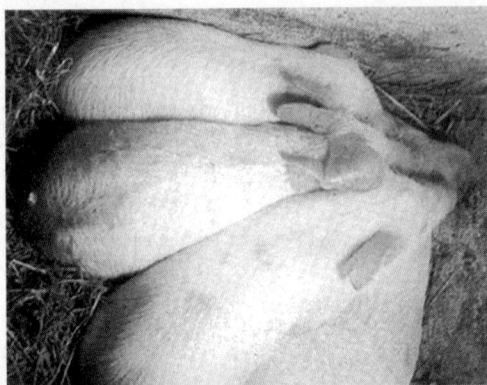

图 3.29 病猪精神沉郁，常堆挤在一处，不愿行动

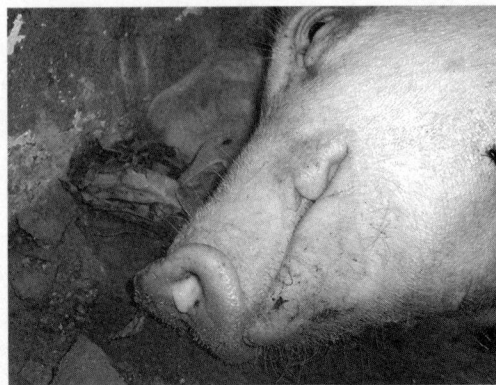

图 3.30 鼻流出黏性分泌物

3. 病理变化

病猪颈部、肺部及纵隔淋巴结明显增大、水肿（图 3.31），呼吸道黏膜充血、肿胀并被覆黏液，有的支气管被渗出物堵塞而使相应的肺组织萎缩。严重的病例，有支气管肺炎和胸膜炎病灶、肺水肿（图 3.32）、脾肿大。

图 3.31 支气管充满泡沫黏液，肺部淋巴结肿大

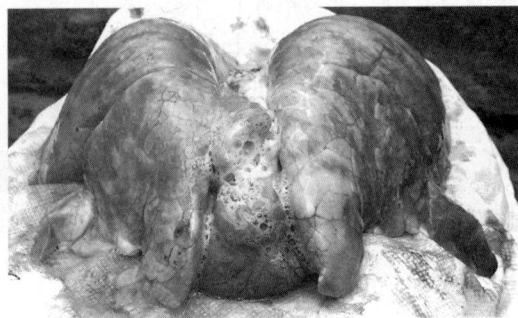

图 3.32 肺水肿

4. 防治措施

（1）预防 对猪舍定期进行清扫，保持猪舍内整洁、干净。在饲料中添加板蓝根、大青叶、金银花、柴胡等中药制剂，对于预防猪流行性感冒有良效。

（2）治疗 可使用 30%安乃近注射液和 2.5%恩诺沙星注射液分别肌内注射，每天 2次，连续 3~5 天。

五、猪伪狂犬病

1. 概述

猪伪狂犬病是由伪狂犬病病毒引起的一种急性传染病。临床症状因年龄不同而有所区别，新生仔猪主要表现为神经症状，还以侵害消化系统为特征；成年猪常为隐性感染；妊娠母猪感染后可引起流产、死胎及呼吸系统症状；公猪表现不育。哺乳仔猪最为敏感，15日龄以内的仔猪死亡率100%。

2. 临床症状

仔猪表现高热、腹泻、鸣叫、共济失调、流涎、角弓反张、四肢划水状或转圈运动等神经症状（图3.33至图3.35），最后昏迷死亡。育肥猪表现高热、厌食和呼吸困难，偶有神经症状，一般不发生死亡。成年猪无明显临床症状或仅表现为轻微体温升高。母猪妊娠初期发生流产（图3.36），在妊娠后期发生死胎和木乃伊胎（图3.37），且以产死胎为主。感染母猪有时还表现出不发情、返情率增高、屡配不孕等征状。公猪发生睾丸肿胀、萎缩，失去种用能力。

图3.33　病猪角弓反张

图3.34　病猪口角有白沫，四肢呈划水状

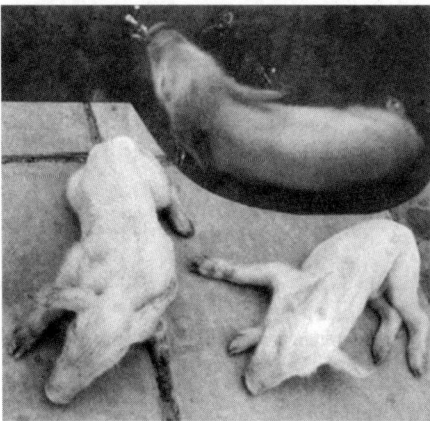

图3.35　转圈、后躯麻痹

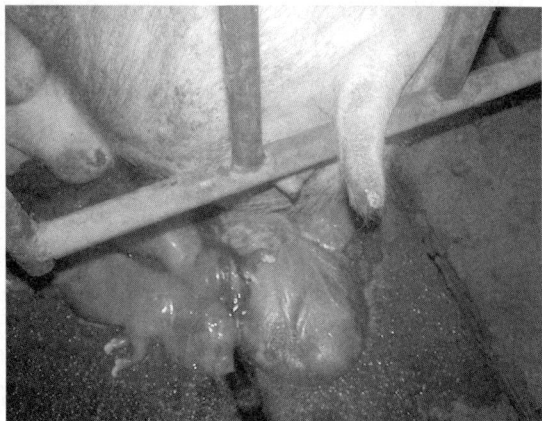

图3.36　母猪流产

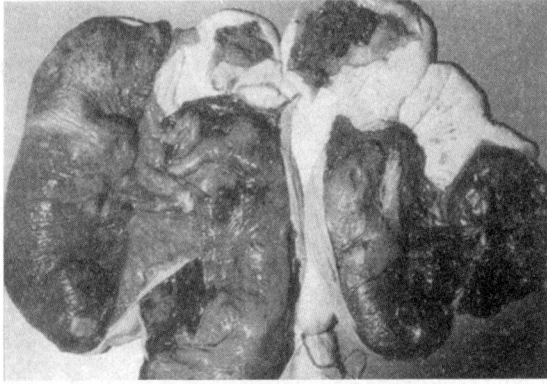

图 3.37 母猪产出的死胎及木乃伊胎

3. 病理变化

仔猪的脾（图 3.38）、肝（图 3.39）、肾（图 3.40）、肺中有渐进性坏死小病灶，肺脏还可见支气管肺炎，心包积液，心内膜偶见斑块状出血。淋巴结肿大，少数出血。胃黏膜呈卡他性炎或出血性炎，尤其在胃底部呈大片出血。小肠黏膜充血、水肿，大肠黏膜呈斑块状出血，严重病例在回肠可见成片出血。脑膜充血、水肿（图 3.41），脑脊液增多，脑灰质和白质有小点状出血。子宫内感染后可发展为溶解坏死性胎盘炎。

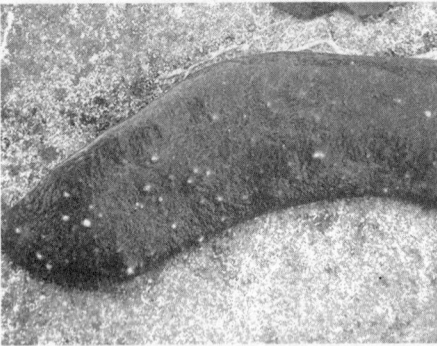

图 3.38 脾散在白色坏死结节

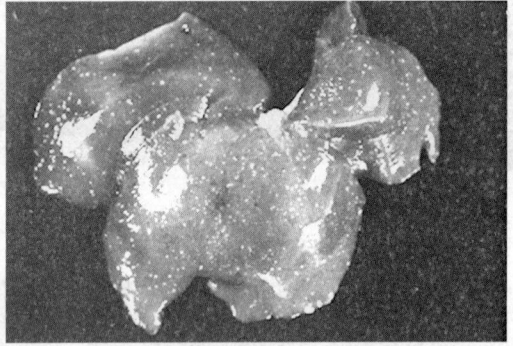

图 3.39 肝散在白色坏死结节

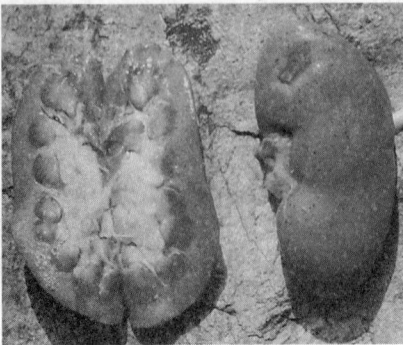

图 3.40 肾皮质髓质出血

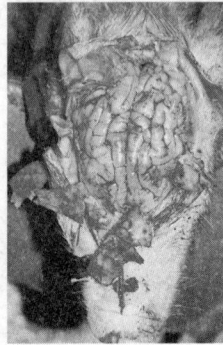

图 3.41 脑膜充血、出血

4. 防治措施

（1）预防　疫苗接种是防治伪狂犬病的重要手段之一。常用的疫苗有灭活疫苗、弱毒活疫苗和基因工程缺失活疫苗。种母猪用灭活疫苗在配种前和产前 4～8 周各免疫 1 次。后备母猪在配种前 4 周进行免疫接种。种公猪用灭活疫苗每年免疫 2 次。商品猪抗体阴性时，用基因缺失弱毒疫苗免疫 1 次（一般在 50～70 日龄时）。

（2）治疗　发病猪群可用高免血清、猪用免疫球蛋白进行治疗，并结合使用恩诺沙星、头孢噻呋钠等抗生素控制继发感染。也可用活疫苗对发病猪群进行紧急接种。

六、日本脑炎

1. 概述

日本脑炎又称流行性乙型脑炎，是由流行性乙型脑炎病毒引起的一种人畜共患传染病。临床特征是妊娠母猪流产、死胎，公猪发生睾丸炎。传播媒介为蚊虫，流行有明显的季节性。

2. 临床症状

病猪体温突然升高至 40～41℃，精神沉郁、嗜睡，食欲减退，饮欲增加。肠音减弱，粪便干燥呈球状，有时表面附有灰黄色或灰白色黏液，尿深黄色。有的病猪后肢轻度麻痹，关节肿大，跛行。个别表现神经症状，视力障碍，乱冲乱撞，最后后肢麻痹，倒地死亡。妊娠母猪常突发性地流产或早产，流产的胎儿有死胎、木乃伊胎和弱仔（图 3.42）。流产多在妊娠后期发生，流产后症状减轻，体温、食欲恢复正常，大多数母猪流产后对继续繁殖无影响。少数母猪产后胎衣不下，子宫内膜发炎。公猪在发热后发生睾丸炎，睾丸明显肿大（图 3.43），触诊有热痛感。一般两三天后肿胀消退或恢复正常，睾丸逐渐萎缩变硬，性欲减退，精液品质下降，失去配种能力而被淘汰。

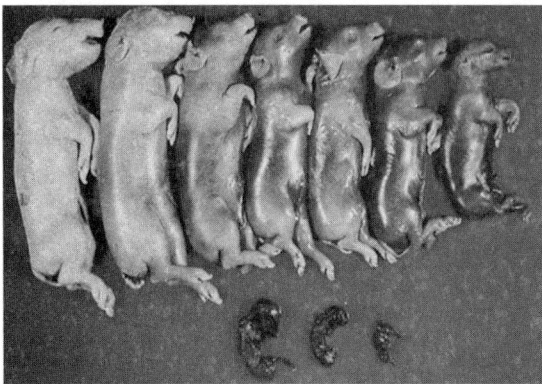

图 3.42　流产、死产、木乃伊胎　　　　图 3.43　公猪的睾丸肿大

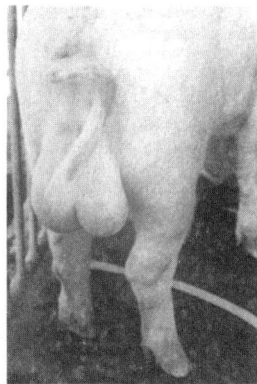

3. 病理变化

流产母猪子宫内膜显著充血、水肿，黏膜表面附有黏液性分泌物，刮去分泌物可见黏膜上有小点状出血，黏膜肌层水肿。流产的仔猪多为死胎，大小不等，有的呈木乃伊状。小的黑褐色，干缩而硬固；中等大的呈茶褐色或暗褐色，皮下胶样浸润；正常大小的死胎常由于脑水肿而头部肿大，体躯后部皮下有弥漫性水肿，肝脏和脾脏有坏死灶。睾丸实质充血、出血，切面有大小不等的黄色坏死灶。具有神经症状的病猪，剖检常见脑水肿，颅腔和脑室内积液。

4. 防治措施

（1）预防　平时加强饲养管理，搞好畜舍及其周围的环境卫生，增加机体的抵抗力。选用双硫磷等杀虫剂对猪舍进行定期的灭蚊。为了提高畜群的免疫力，常发地区在蚊虫活动前1～2个月，用日本脑炎弱毒疫苗进行免疫接种。一般第1年以两周的间隔注射两次，第2年加强免疫一次，免疫期可达3年。

（2）治疗　病猪应立即隔离，做好护理工作，可减少死亡。本病无特效疗法，为了防止继发感染，可用磺胺嘧啶钠、土霉素等抗菌药物治疗。

七、猪细小病毒病

1. 概述

猪细小病毒病是由猪细小病毒引起猪的一种繁殖障碍性传染病。临床以感染母猪，特别是初产母猪产出死胎、畸形胎、木乃伊胎及病弱仔猪为特征。本病常见于初产母猪，一般呈流行性或散发，一旦发生本病后，可持续多年。

2. 临床症状

母猪繁殖障碍，流产，产出死胎、木乃伊胎及弱仔（图3.44、图3.45）。一般妊娠50～60天感染时多出现死产，妊娠70天感染的母猪常出现流产，而妊娠70天以后感染的母猪则多能正常产仔。临床上还表现出母猪发情不正常、久配不孕、新生仔猪死亡、妊娠期和产仔间隔延长等现象。

3. 病理变化

母猪子宫内膜有轻微炎症，胎盘部分钙化，胎儿在子宫内溶解、吸收成为木乃伊胎（图3.46）。妊娠母猪黄体萎缩、子宫黏膜上皮和固有层有局灶性或弥漫性单核细胞浸润。死胎表现为皮肤、皮下充血或水肿，胸、腹腔积液。肝、脾、肾有时肿大脆弱或萎缩。

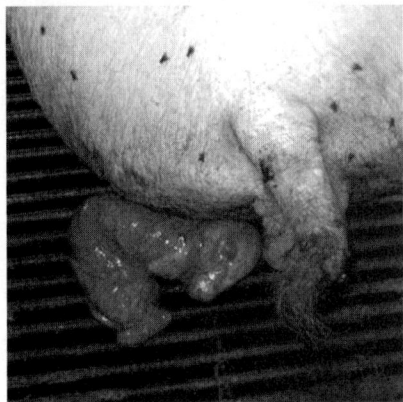

图 3.44 母猪流产

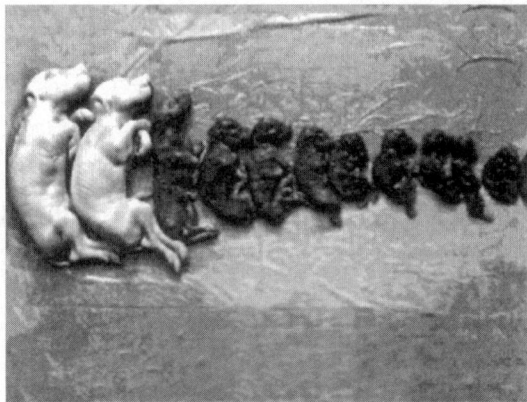

图 3.45 不同妊娠期死亡的胎儿

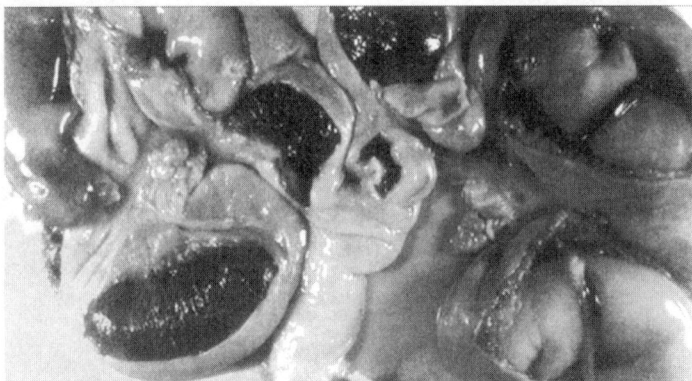

图 3.46 子宫中的死亡胎儿和木乃伊胎

4. 防治措施

（1）预防 防止带毒母猪入场，平时应注意清除病猪，净化猪群。保持圈舍卫生，随时消毒。用猪细小病毒弱毒苗和油佐剂灭活疫苗，在母猪配种前 2 个月左右进行接种。

（2）治疗 可用荆防败毒散、头孢噻呋钠、维生素 C 等药物进行治疗。

八、猪口蹄疫

1. 概述

口蹄疫是由口蹄疫病毒引起的人畜共患的一种急性、热性、高度接触性传染病，可分为 7 个血清型，即 A、O、C、SAT1、SAT2、SAT3（南非 1、2、3 型）及 Asia-Ⅰ型（亚洲 1 型），其各血清型间无交叉免疫性。本病传播迅速，流行面广。自然条件下口蹄疫病毒可感染多种动物，偶蹄目动物易感性最高，幼龄动物易感性大于老龄动物。

2. 临床症状

病猪精神沉郁，体温升高至 40～41℃，食欲不振或废绝。口腔多见于齿龈、硬腭、舌、颊部形成小水疱或烂斑（图3.47）。在蹄冠、蹄叉（图3.48）、蹄踵（图3.49）、吻突（图3.50）等部位出现米粒至黄豆大的水疱，水疱破裂后表面出血，糜烂，严重者蹄匣脱落。母猪乳房出现水疱或烂斑，妊娠母猪感染后出现流产、乳房炎和慢性蹄变形。母猪哺乳期间发生口蹄疫，则整窝仔猪发病，多发急性胃肠炎和心肌炎而突然死亡，病死率可达100%。

图3.47 舌、颊部黏膜糜烂

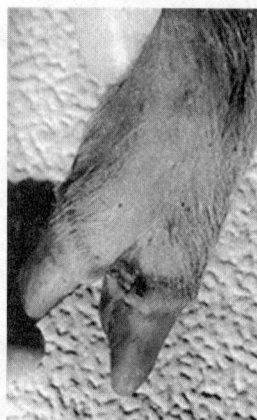

图3.48 蹄叉部水疱破溃，蹄冠部水肿

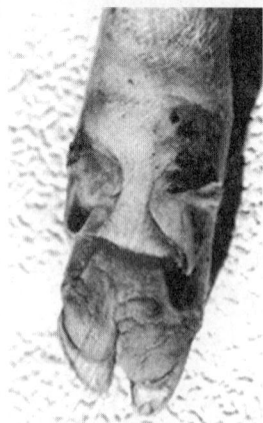

图3.49 蹄踵部水疱破溃

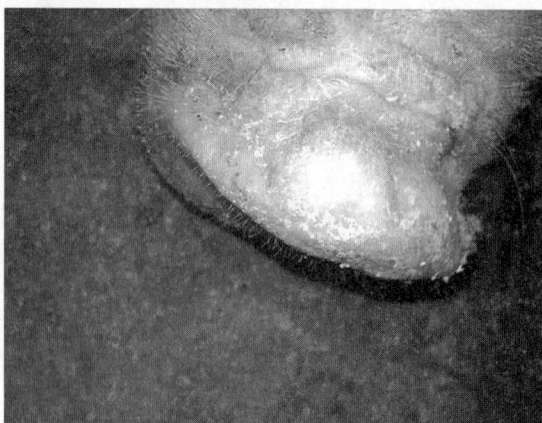

图3.50 猪吻突出现水疱

3. 病理变化

患病动物的口腔、蹄部、乳房等部位出现水疱或烂斑。病死猪的心脏表面有灰白色或淡黄色的斑点或条纹，俗称"虎斑心"（图3.51）。

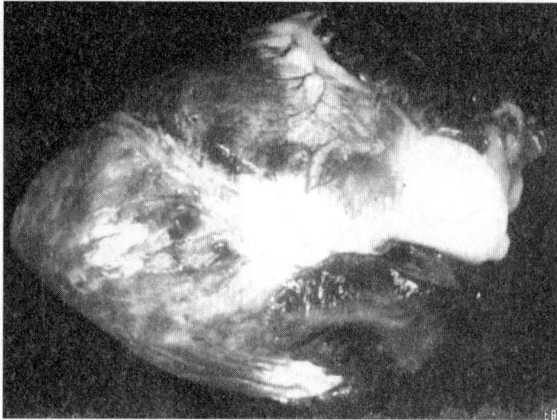

图 3.51　虎斑心

4. 防治措施

（1）预防　加强饲养管理，保持圈舍清洁卫生，对圈舍要经常进行消毒，以减少应激反应。坚持免疫接种，应使用与当地流行毒株同型的口蹄疫灭活疫苗对猪群进行免疫接种。

（2）扑灭　当猪群发生口蹄疫时，应立即上报疫情，按"早、快、严、小"的原则，立即实现封锁、隔离、消毒等措施。

九、猪圆环病毒病

1. 概述

猪圆环病毒病是由猪圆环病毒 2 型引起猪的多种疾病的总称，包括断奶仔猪多系统衰竭综合征、猪皮炎肾病综合征、猪呼吸道病肠炎、母猪繁殖障碍和仔猪先天震颤等。其中断奶仔猪多系统衰竭综合征最为常见，以消瘦、贫血、黄疸、生长发育不良、腹泻、呼吸困难、全身淋巴结和肾脏坏死等为特征。本病可导致猪群产生严重的免疫抑制，从而容易继发或并发其他传染病。

2. 临床症状

（1）断奶仔猪多系统衰竭综合征　多发生于5～12周龄的仔猪，主要表现为消瘦、贫血、腹泻、生长受阻（图 3.52）。病猪体表苍白，伴有呼吸道疾病（图 3.53），腹股沟淋巴结肿大（图 3.54）。发病率和病死率取决于猪场和猪舍的饲养条件，但常由于继发细菌和病毒感染而使病死率增加。

图 3.52　断奶后消瘦、贫血、腹泻、生长受阻

图 3.53　体表苍白，伴有呼吸道疾病

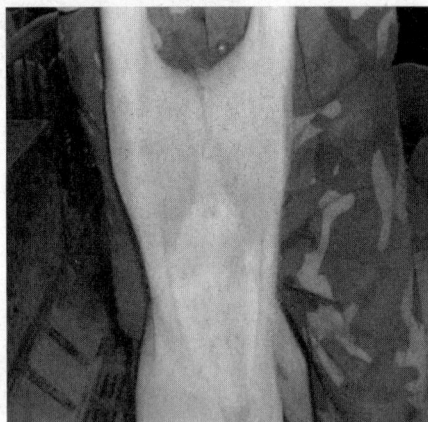

图 3.54　腹股沟淋巴结肿大

（2）猪皮炎和肾病综合征　多发生于 8～18 周龄猪，主要表现出广泛性皮炎病灶，呈红色隆起（图 3.55），中央形成黑色病灶，在会阴部和四肢最明显。

（3）猪呼吸道病综合征　多发于 6～14 周龄育成猪和 16～22 周龄育肥猪，主要表现为精神沉郁、发热、厌食、咳嗽、呼吸困难和生长发育缓慢。

（4）繁殖障碍　母猪发病后，常导致母猪出现流产（图 3.56）、死产、产弱仔、产木乃伊胎，以及返情率增加等现象。

图 3.55　广泛性皮炎病灶，红色隆起

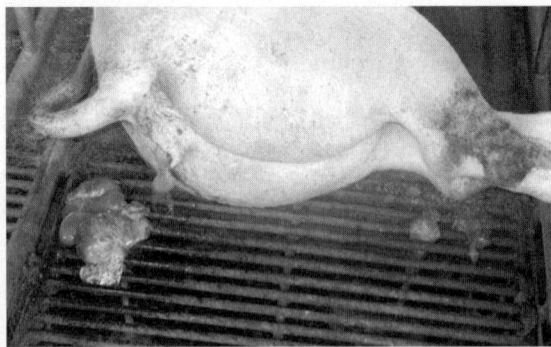

图 3.56　母猪流产

3. 病理变化

病死猪腹股沟淋巴结肿大（图 3.57），肠系膜淋巴结肿大（图 3.58），切面肿胀，皮质有出血（图 3.59）。胸腔积液（图 3.60），肺脏坚实如橡皮样，表面呈花斑状（图 3.61），间质水肿。脾肿大（图 3.62），肝脏颜色变浅，呈土黄色外观萎缩、退化（图 3.63），胆汁浓稠（图 3.64）。肾脏肿大，表面有白色斑点（花斑肾），肾乳头水肿、苍白，偶有出血（图 3.65）。

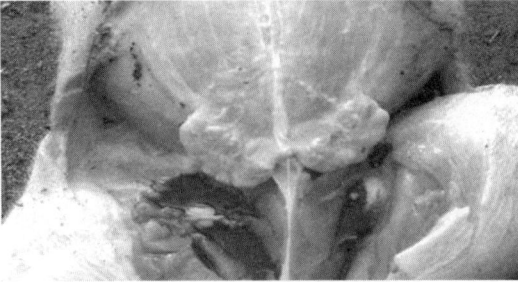

图 3.57　腹股沟淋巴结肿大

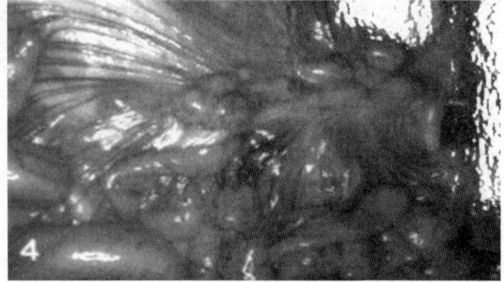

图 3.58　肠系膜淋巴结肿大

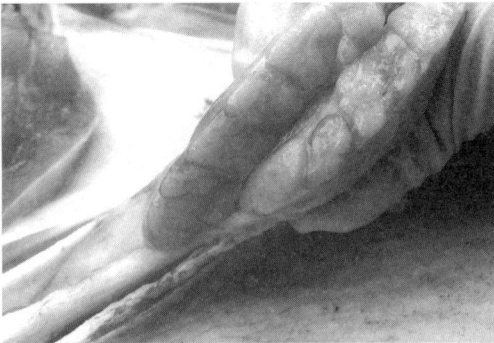

图 3.59　淋巴结显著肿胀，皮质有出血

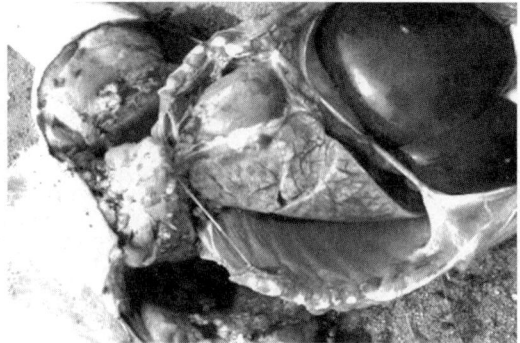

图 3.60　胸腔积液

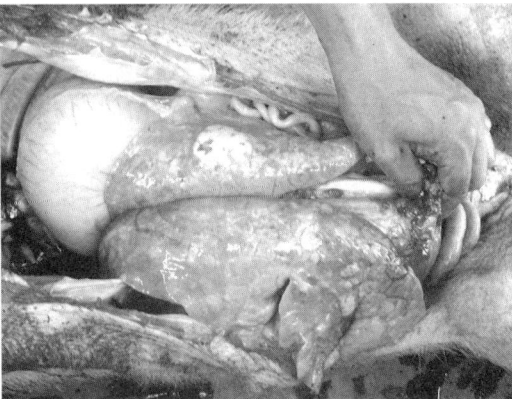

图 3.61　肺脏坚实如橡皮样，表面呈花斑状

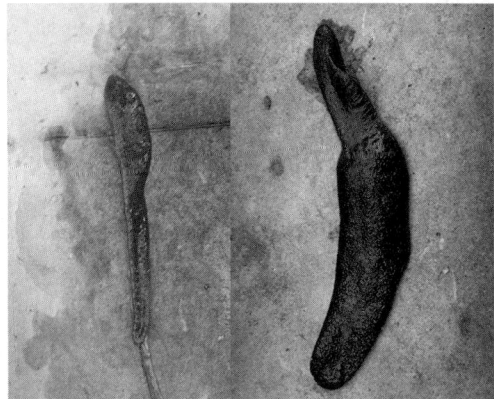

图 3.62　脾肿大（一头大，一头小），脾头坏死

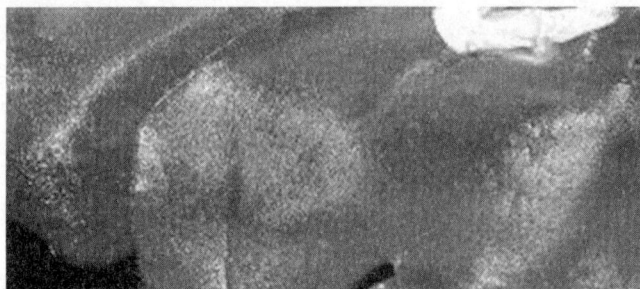

图 3.63　肝脏颜色变浅，呈土黄色外观萎缩、退化

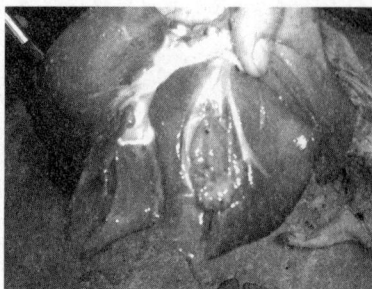

图 3.64　胆汁浓稠

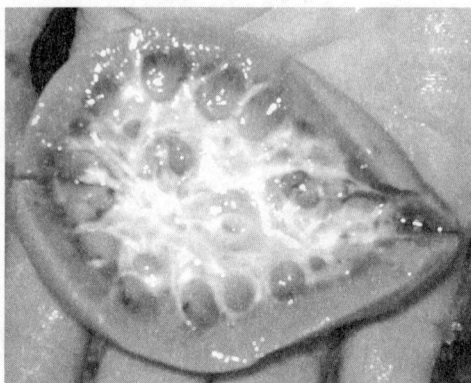

图 3.65　肾乳头水肿、苍白，偶有出血

4. 防治措施

（1）加强饲养管理　实行全进全出的饲养管理制度，降低饲养密度，饲喂全价日粮，提高猪群抵抗力。搞好圈舍卫生，加强通风换气，定期消毒。

（2）做好免疫接种　疫苗接种是预防本病的关键措施之一。可选用猪圆环病毒 2 型灭活疫苗进行免疫，仔猪 7～14 天首免 1 头份，28～35 天二免 1 头份。

十、猪流行性腹泻

1. 概述

猪流行性腹泻是由猪流行性腹泻病毒引起猪的一种高度接触性肠道传染病，以呕吐和腹泻为特征，各种年龄的猪均易感染，以新生仔猪发病后损伤最严重。带毒猪和病猪是主要传染源。病毒随传染源的粪便排出，污染饲养人员的衣服、靴子、用具、车辆等非生物媒介，通过消化道传播。本病一年四季均可发生，以冬季多发，即每年 12 月至次年 2 月为高发期，有时夏季也可发生本病。当本病毒首次进入一个猪场或猪群后，1 周左右即可使所有易感猪几乎 100％感染出现腹泻。

2. 临床症状

仔猪出现短暂的呕吐，继而出现水样腹泻，粪便呈灰黄色或灰色，常含有未消化的凝乳块，有恶臭味。病猪表现出极度口渴，明显脱水，体重迅速下降，日龄越小，病程越短，病死率越高。10 日龄以内的仔猪大多于 2～7 天内出现死亡。

架子猪、育肥猪和成年猪发病后症状较轻，会出现一日至数日的食欲不振，个别猪只出现呕吐，继而出现水样腹泻，呈喷射状，排出灰色或褐色粪便。

3. 病理变化

病猪严重脱水，小肠膨胀，充满淡黄色液体，肠壁变薄，个别小肠黏膜下有出血点，小肠绒毛变短，严重者肠绒毛出现萎缩，甚至消失，肠系膜淋巴结水肿，胃内空虚或充满胆汁样黄色液体。其他实质性器官无明显病理变化。

4. 防治措施

（1）加强饲养管理　实行全进全出的管理制度，保持猪舍清洁卫生，给予猪充足的饮水，做好防寒保暖工作，定期对猪舍进行消毒。

（2）做好免疫接种工作　免疫接种是预防本病的重要手段，母猪可用猪传染性胃肠炎和猪流行性腹泻二联活疫苗进行免疫。母猪分娩前 30 天接种 2 头份，免疫母猪所产仔猪可经吃初乳后获得被动免疫保护，免疫母猪所产仔猪于 7～10 日龄接种 1 头份，非免疫母猪所产仔猪于 3 日龄接种 1 头份。

（3）对症治疗　本病目前没有特效的治疗药物。可在饮水中加入口服补液盐，以防止脱水。在此期间，应合理选用抗生素，控制继发感染，以降低死亡率。

十一、猪传染性胃肠炎

1. 概述

猪传染性胃肠炎是由猪传染性胃肠炎病毒引起猪的一种急性胃肠道传染病，多发于冬春寒冷季节。各种年龄的猪均可发病，以 10 日龄内的仔猪最为易感，发病率和病死率高达 100%。5 周龄以上的猪病死率较低，成年猪感染后几乎没有死亡，但可长期带毒。

2. 临床症状

仔猪突然发病，表现为呕吐（图 3.66）、腹泻（图 3.67），粪便为黄色、绿色或白色，常夹有未消化的凝乳块。病猪极度口渴，明显脱水，体重迅速下降。日龄越小，病程越短，病死率越高。断奶仔猪、育肥猪和母猪的症状轻重不一。个别猪会出现呕吐、腹泻，粪便呈喷射状（图 3.68），水样，5～8 天腹泻停止，极少死亡。某些哺乳母猪与仔猪密切接触，反复感染，临床症状较重，体温升高，泌乳停止，呕吐和腹泻。但有些母猪并不出现临床症状。

图 3.66 仔猪呕吐

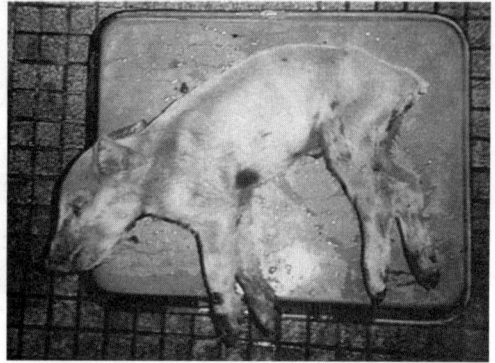

图 3.67 病猪腹泻致明显脱水

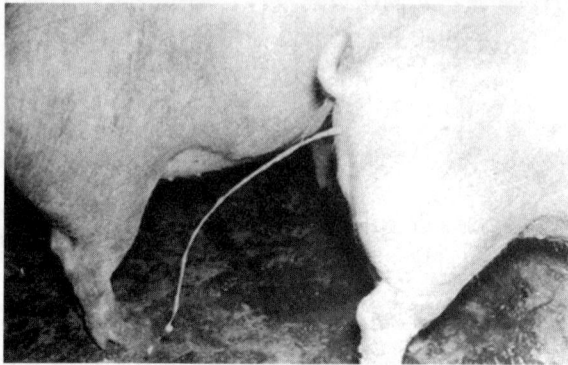

图 3.68 喷射状水样便

3. 病理变化

主要病理变化在小肠和胃，胃膨隆积食（图 3.69），胃黏膜弥漫性充血、肿胀，呈卡他性炎症（图 3.70），小肠内充满黄绿色液体，含有污秽、絮状、未消化的凝乳块，肠壁变薄而无弹性，小肠肠回处呈球状膨胀、充气（图 3.71），呈半透明状。肠系膜淋巴结轻度或严重充血肿大。

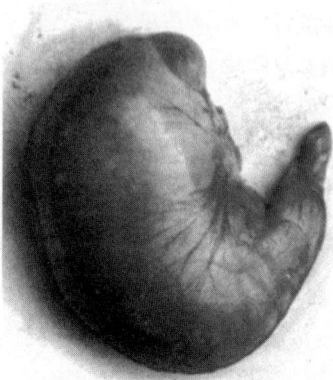

图 3.69 胃膨隆积食

图 3.70 胃黏膜弥漫性充血、肿胀，呈卡他性炎症

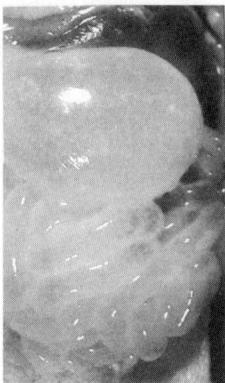

图 3.71　小肠肠回处呈球状膨胀、充气

4. 防治措施

（1）预防　加强饲养管理，搞好圈舍卫生及保温措施，定期消毒，做好免疫接种，严格控制外来人员和车辆进入场区。

（2）治疗　本病目前没有特效的治疗药物。患病期间，给予病猪清洁的饮水和易消化的饲料，并在饮水中加入口服补液盐，以防止脱水。在此期间，应合理选用抗生素，控制继发感染，以降低死亡率。

常见寄生虫病

一、猪弓形虫病

1. 概述

弓形虫病是由刚地弓形虫引起的一种人畜共患原虫病。临床主要表现为高热、呼吸困难、妊娠母猪流产、产死胎、胎儿畸形等症状。该病传染性强，发病率和病死率较高，对人畜危害严重，我国将其列为二类动物疫病。

2. 临床症状

一般猪急性感染后，与猪瘟症状相似，体温升高至 40～42℃，呈稽留热型。气喘，呼吸加快，肺部听诊有湿性啰音，肺泡呼吸音减弱，呼吸困难（图 4.1）。有浆液性鼻液流出。部分猪卧地不起，后腿麻痹，股内侧、腹下皮肤发红或发绀（图 4.2），腹股沟浅淋巴结肿大，大便干硬或腹泻，少数猪有呕吐现象。

妊娠母猪急性感染后，虫体经胎盘侵害胎儿，表现为高热、废食、精神委顿和昏睡。这些症状持续数天后，引起母猪流产、死胎、胎儿畸形，即使产出活仔，也会发生急性死亡或发育不全。

图 4.1 呼吸困难（引自江斌 等，2015）

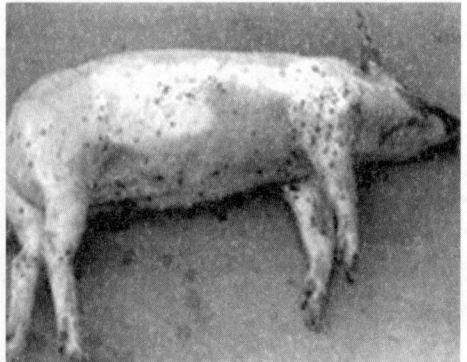

图 4.2 腹下皮肤发绀

3. 病理变化

病猪体表尤其是在耳、鼻端、下肢、股内侧、下腹部等处出现紫斑或密布出血点。肠系膜淋巴结呈绳索状肿大、充血（图4.3），切面呈髓样变。肝脏有点状出血和灰白色坏死灶。脾脏肿大，有少量出血点及灰白色小坏死灶。肾脏表面和切面有针尖大出血点和坏死灶（图4.4）。肺水肿，呈暗红色，小叶间质增宽（图4.5），其内充满半透明胶冻样渗出物；气管和支气管内有大量黏液性泡沫，有的并发肺炎。全身淋巴结肿大，有大小不等的出血点和灰白色坏死灶，特别是肺门淋巴结、腹股沟淋巴结和肠系膜淋巴结。

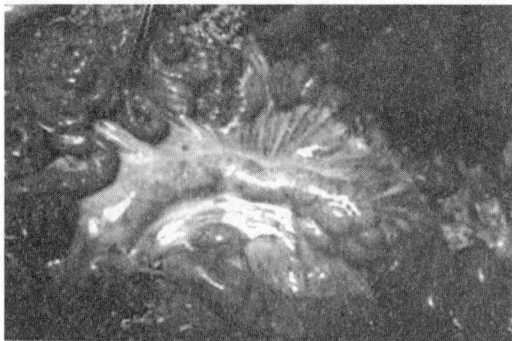

图4.3　肠系膜淋巴结呈绳索状肿大、
充血（引自江斌 等，2015）

图4.4　肾脏表面散在小出血点

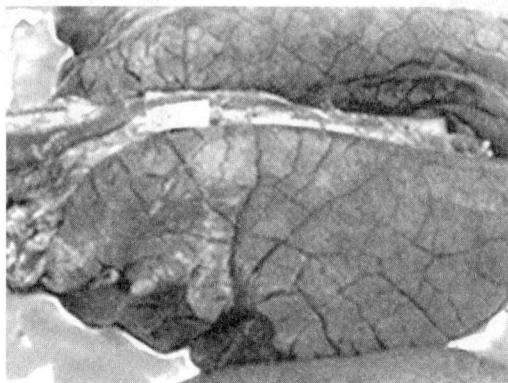

图4.5　肺间质水肿

4. 防治措施

（1）预防　猪场、猪舍应保持清洁，定期消毒。猪场内禁止养猫，防止猫粪污染猪舍、饲料和饮水，避免饲养人员与猫接触。尽一切可能灭鼠。对流产的胎儿、胎衣、排出物及病尸应进行无害化处理。针对本病易发季节或发生过该病的猪场，可在猪饲料中添加磺胺嘧啶、磺胺间甲氧嘧啶进行预防，连喂 7 天。

（2）治疗　磺胺类药物和抗菌增效剂联合使用对弓形虫有效。使用磺胺类药物时，首次剂量必须加倍，一般应连续用药 3～4 天。

二、猪球虫病

1. 概述

猪球虫病是由艾美耳属和等孢属球虫寄生于哺乳期和断奶仔猪肠道上皮细胞引起的寄生原虫病，临床主要表现为腹泻，病情严重时会出现血便。猪球虫病的发病日龄主要集中于 8～15 日龄，感染日龄越小，病情越严重。本病一年四季均可发生，但炎热季节、高温高湿天气、饲养密度大、圈舍卫生条件差、连续生产不清栏等条件下，会促使该病发生及流行。

2. 临床症状

病猪被毛粗糙、没有光泽，皮肤变暗或发白、没有弹性，眼窝下陷。有的病猪喜卧，吮乳减少，体重减轻。腹泻（图 4.6），开始时粪便松软或呈糊状，粪便黏液带有气泡（图 4.7），病情加重后粪便变成液状，有时带有血液、呈棕红色，有腐败乳汁样酸臭味，然后逐渐转为水样腹泻。若伴有传染性胃肠炎、大肠杆菌和轮状病毒感染，往往会造成仔猪大量死亡。

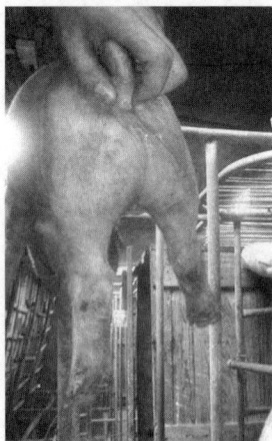

图 4.6　仔猪黄白色腹泻

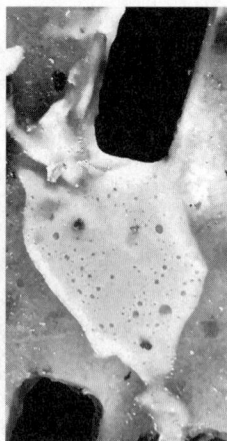

图 4.7　稀粪中有气泡，呈灰白色奶油状

3. 病理变化

病猪脱水，空肠、回肠肿大，表现卡他性肠炎（图 4.8），肠黏膜表面有出血或坏死灶，肠系膜淋巴结肿大。

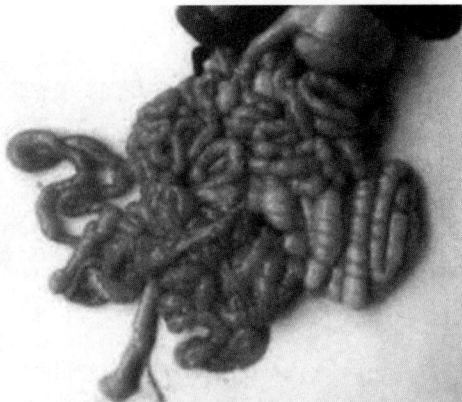

图 4.8　病猪小肠卡他性肠炎（引自江斌 等，2015）

4. 防治措施

（1）预防　猪球虫具有多层卵囊壁，对外界环境及消毒药有很强的抵抗力，另外球虫感染途径简单，不需要中间宿主，其感染十分普遍。要想彻底消除一个猪场的球虫感染在目前来说还比较困难，任何短期措施或单一治疗方案都不可能达到长期控制本病的目的。在预防本病时应该坚持防治结合的原则，搞好猪场的饲养管理、环境卫生与消毒。平时应该实行全进全出的饲养制度，尽可能地降低饲养密度，猪舍应该保持良好的通风，定期对圈舍，特别是产房进行消毒。定期添加抗球虫药物并注意定期更换药物种类。加强饲养管理，于饲粮中增加多种维生素含量，补充电解质，提高猪的抵抗力。另外，要完善猪场的驱虫制度，坚持驱虫。

（2）治疗　仔猪发病后，可使用百球清（5％托曲珠利）按每千克体重 20mg 口服给药，每天 1 次，连用 3 天，对防治猪球虫病具有显著的效果。

三、猪蛔虫病

1. 概述

猪蛔虫病是由猪蛔虫寄生于猪的小肠引起的一种寄生虫病。临床上主要表现为仔猪生长发育受阻、被毛粗糙、免疫力下降，饲料转化效率低，严重感染者发育停滞，成为"僵猪"，甚至造成死亡。该病分布极为广泛，主要侵害 2～6 月龄的仔猪，对养猪业生产危害十分严重。

2. 临床症状

早期病猪表现为咳嗽、体温升高、消化紊乱。中后期食欲缺乏，形体消瘦，贫血，被毛粗乱（图 4.9），有的病猪生长发育长期受阻，变为僵猪。蛔虫（图 4.10）寄生数量多时，会出现肠梗阻和肠穿孔或常伴随有胆道蛔虫病，引起贫血、呕吐、剧烈腹痛等症状，特别严重时可造成病猪死亡。

图 4.9　病猪被毛粗乱

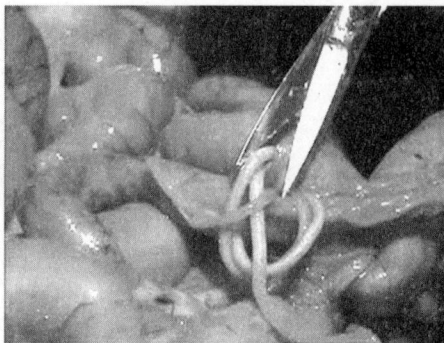

图 4.10　肠道中的蛔虫

3. 病理变化

蛔虫幼虫在肝脏（图 4.11）、肺移行，导致肝脏出血、变硬，严重的形成白色的蛔虫斑（又称"乳斑肝"）。肺脏表现为蛔虫性肺炎。小肠出现卡他性炎症、出血或溃疡，严重时小肠被蛔虫堵塞，当蛔虫进入肝胆管或胰腺等器官内，也会造成堵塞（图 4.12）。

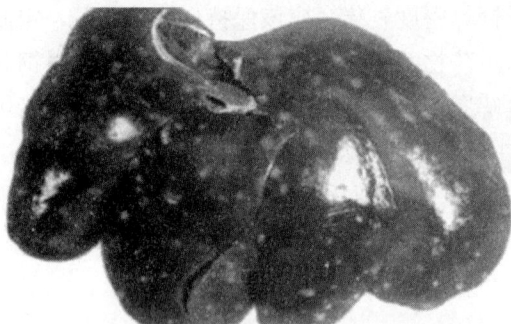

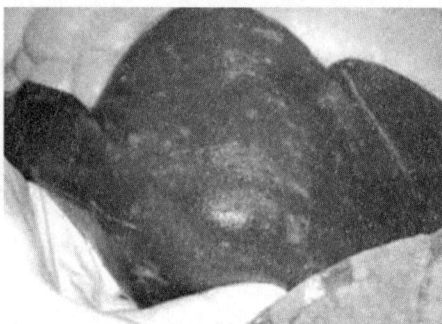

图 4.11　蛔虫幼虫移行至肝脏形成移行斑（引自 Swine health handbook）

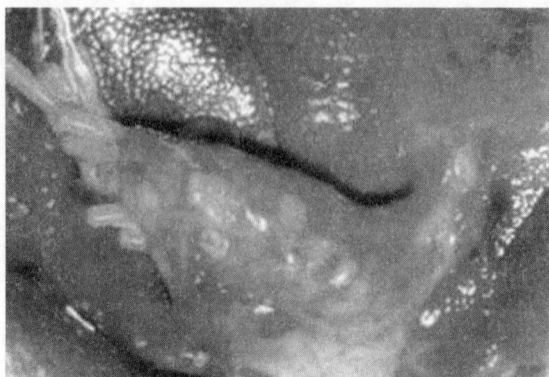

图 4.12　猪蛔虫阻塞胆道引起黄疸

4. 防治措施

（1）预防　首先要定期驱虫。育肥猪春秋两季各驱虫 1 次；公、母猪每年可驱虫 4 次；母猪产前 1～2 周驱虫；仔猪断奶前驱虫。其次是要加强饲养管理。供给猪充足的维生素、矿物质和饮水，增强猪的抵抗力。最后是搞好猪舍及周围环境卫生，及时清除粪便并做无害化处理，可定期用 20％～30％的石灰水消毒。产房和猪舍在进猪前进行彻底清洗和消毒。

（2）治疗　可选用左旋咪唑、丙硫咪唑、伊维菌素等驱虫药。左旋咪唑按每千克体重 7.5 毫克，一次性混料喂服。丙硫咪唑按每千克体重 15 毫克，一次性混料喂服。

四、猪细颈囊尾蚴病

1. 概述

猪细颈囊尾蚴病（又称水铃铛、熟食泡）是由泡状带绦虫的中绦期幼虫——细颈囊尾蚴寄生于猪的肝脏浆膜、肠系膜、腹腔大网膜等处所引起的一种绦虫蚴病。由于细颈囊尾蚴的寄生，使猪的内脏大量废弃，从而造成经济损失。该病呈世界性分布，在我国各地普遍流行，凡是有犬的地方，都可以发现本病。由于人们缺乏防治本病的卫生知识，农村宰猪时，犬在旁边，食入带有细颈囊尾蚴的废弃内脏导致犬的感染，犬粪便中的绦虫虫卵污染水源和饲料，再次造成对猪的感染。

2. 临床症状

主要发生于仔猪。一般不表现出明显的临床症状，大量感染时病猪表现为消瘦、衰弱，黄疸，腹部膨大，腹部按压有痛感。严重感染时，可发生腹膜炎等症状。

3. 病理变化

病猪的肝脏表面（图 4.13）、肠系膜、腹腔大网膜及其他内脏器官表面出现 1 个或多个大小不等较透明的囊泡，严重感染时可导致肝脏硬化、黄染等。

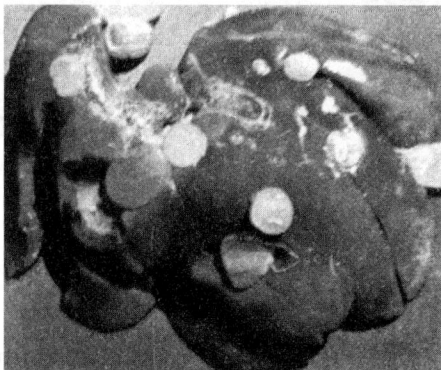

图 4.13　细颈囊尾蚴寄生在肝被膜表面，呈囊泡状

4. 防治措施

（1）预防　防治该病的关键是要防止犬进入养殖场，避免饲料、饮水被犬粪污染。

（2）治疗　可选用吡喹酮，按每千克体重 100 毫克的剂量，与液体石蜡按 1∶5 的比例混合研磨均匀，一次深部肌内注射。

五、猪毛首线虫病

1. 概述

猪毛首线虫病是由猪毛首线虫寄生于猪的大肠（主要是盲肠、结肠）引起的一种寄生线虫病。猪毛首线虫病的虫体外形像鞭子，前部细，后部粗，俗称"猪鞭虫病"。该病对 2～4 月龄的小猪影响较大，严重者可引起死亡。猪毛首线虫的卵壳厚，在外界环境中抵抗力强，在卫生条件不好的猪舍内，一年四季均可感染。

2. 临床症状

轻度感染时，病猪一般没有明显的症状。感染数量多时，表现为间歇性腹泻，轻度贫血，也会部分影响猪的生长发育。严重感染时，食欲减退，消瘦，贫血，顽固性腹泻。

3. 病理变化

病猪盲肠和结肠肿大，切开盲肠和结肠可见有肠炎，并有大量鞭子样虫体附着于肠黏膜（图 4.14），肠黏膜出血（图 4.15）。

图 4.14　盲肠上有大量鞭子样虫体（引自江斌 等，2015）

图 4.15　大肠黏膜出血（引自江斌 等，2015）

4. 防治措施

（1）预防　定期驱虫，猪毛首线虫虫卵抵抗力较强，发生过本病的猪场要定期使用驱虫药物进行预防。同时要搞好猪场卫生，及时清扫猪舍内的猪粪，并进行无害化处理。

（2）治疗　常用的药物如左旋咪唑、阿苯达唑等，可选用左旋咪唑（按每千克体重7.5毫克，连用3天）或阿苯达唑（按每千克体重5毫克，连用3天）进行驱虫处理。对个别严重的病猪可经口灌服上述驱虫药，同时结合肌内注射维生素 B_{12} 和肠道消炎针剂，可提高本病的治愈率。

第五章

其他常见病

一、钙、磷缺乏症

1. 概述

猪钙、磷缺乏症是由于饲料中钙和磷缺乏，或钙、磷比例失调，或维生素 D 缺乏且日光照射不足，引起仔猪发生佝偻病，成年猪发生骨软病。临床上主要表现为消化紊乱、异嗜癖、骨骼疏松及骨变形、跛行。

2. 临床症状

病猪早期表现为消化紊乱，异嗜，躯干、四肢骨骼变形，跛行；有的病猪表现为咳嗽、腹泻、呼吸困难和贫血等症状。仔猪跪地，发抖，由于硬腭肿胀，口腔闭合困难，导致咀嚼困难，影响采食。成年母猪多发骨软病，表现异嗜，跛行，后期出现多关节肿大变粗，尾椎骨移位变软，产后多发生胎衣不下，流产、难产等。

3. 防治措施

（1）预防　加强饲养管理，合理配制日粮，保证钙、磷和维生素 D 的含量，长期舍饲的猪要让其适当运动，接受阳光照射，促进维生素 D_3 的形成。还可在日粮中适量添加骨粉、乳酸钙和碳酸钙等。

（2）治疗　仔猪用维丁胶性钙注射液，按每千克体重 0.2 毫克肌内注射，隔日注射 1 次；维生素 A、维生素 D 注射液 2 毫升肌内注射，隔日 1 次。成年猪用 10% 葡萄糖酸钙 75 毫升静脉注射，每日 1 次，连用数天。

二、猪霉玉米中毒

1. 概述

猪霉玉米中毒是猪采食了含有霉菌毒素的霉变玉米（图 5.1）而出现的一种多病症中毒性疾病。霉变玉米中常含有黄曲霉毒素、赭曲霉毒素、单端孢霉烯族毒素和玉米赤霉烯酮毒素，这几种霉菌毒素可单独致病，也可能由两种或两种以上共同致病。

2. 临床症状

猪霉玉米中毒常见的一般症状是腹泻、发热、母猪流产（图5.2）等。不同的霉菌毒素中毒，有不同的特异性临床症状。

猪黄曲霉毒素中毒后，多数病猪表现为渐进性食欲减退，粪便干燥，可视黏膜苍白或出现黄染。有的病猪表现精神沉郁，有的兴奋不安、抽搐或角弓反张。慢性病例表现为消瘦、生长缓慢、全身皮肤黄染、异嗜等症状。少数急性病例在还未出现明显临床症状时就突然死亡。

猪赭曲霉毒素中毒后，病猪主要表现为多尿，尿中带血，体重减轻，有些病猪的臀部、腹部皮肤可出现红色小痘点。

猪单端孢霉烯族毒素中毒主要出现在仔猪，表现为猪鼻、唇、口腔周围皮肤溃烂、出血，随后结痂，腹部皮肤脱落。

猪玉米赤霉烯酮毒素中毒后，母猪表现为流产、子宫内膜炎、屡配不孕等症状，有的阴户红肿（图5.3）、阴道黏膜充血、肿胀，严重时可见阴道黏膜外翻、乳房肿胀等症状。公猪表现为乳房肿大，包皮水肿，睾丸萎缩，性欲减退。仔猪虚弱，阴户红肿，后肢外翻成"八字脚"（图5.4）。生长架子猪容易出现脱肛。

图5.1 赤霉稀酮玉米

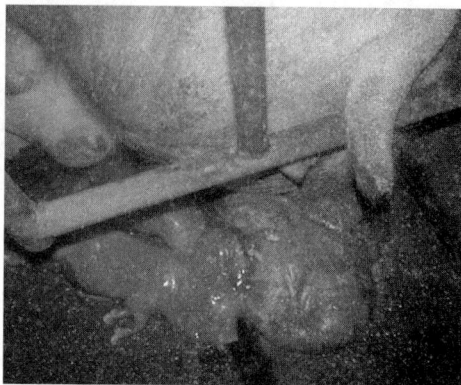

图5.2 母猪流产

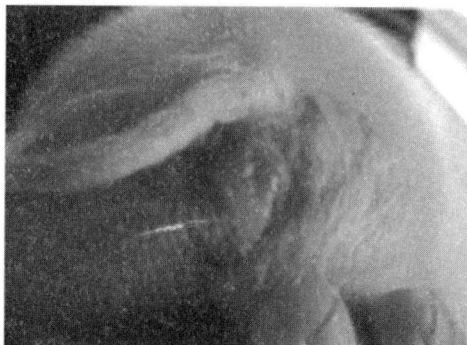

图5.3 仔猪阴户红肿

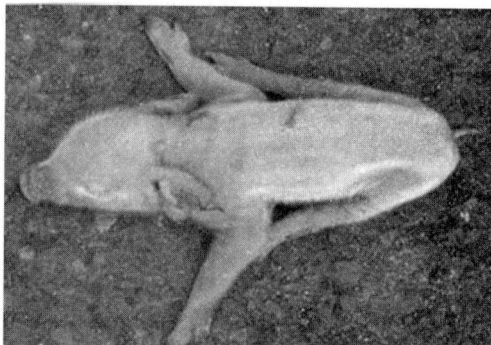

图5.4 仔猪后肢表现为"八字脚"

3. 病理变化

不同的霉菌毒素中毒后，病猪表现不同的病理变化。

猪黄曲霉毒素中毒后，病猪表现全身脂肪黄染。肝脏肿大（图5.5），浅黄色，质地较硬。有的病猪肝脏表面有黄白色坏死灶，严重的还出现肿瘤结节。胸腔、腹腔及心包有积液。

猪赭曲霉毒素中毒后，剖检可见肾脏苍白，肿大，出现纤维化（图5.6）。有的病猪肝脏肿大、有坏死灶，皮下、肠系膜、肾脏周围组织水肿，胸腔、腹腔积液。

猪单端孢霉烯族毒素中毒，主要表现是消化道黏膜水肿、出血，有时消化道黏膜上可见霉菌灶或坏死灶（图5.7）。肝脏脂肪变性，心内膜出血，胰腺水肿，皮肤可能出现炎症坏死。

猪玉米赤霉烯酮毒素中毒后，后备母猪的子宫和乳腺提前发育变大，阴户肿胀充血，阴道黏膜充血，严重时可导致阴道黏膜外翻。流产母猪的胎衣出现炎症坏死斑。

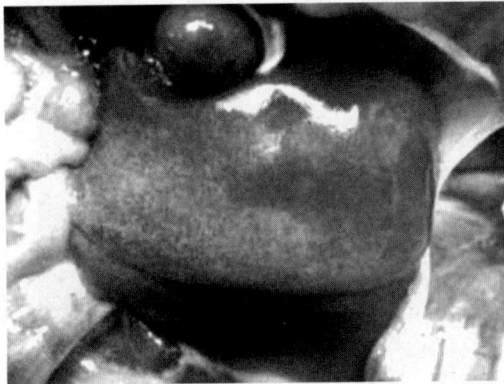

图5.5 猪黄曲霉毒素中毒表现肝脏肿大（引自江斌 等，2015）

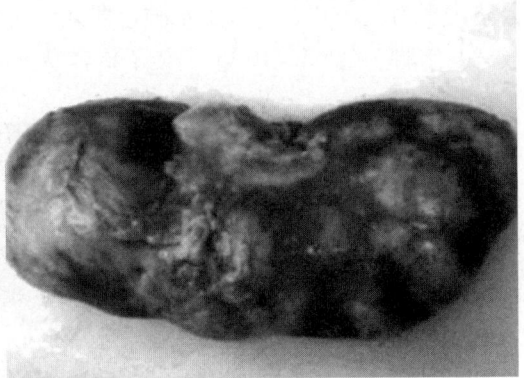

图5.6 猪赭曲霉毒素中毒表现肾脏肿大、纤维化（引自江斌 等，2015）

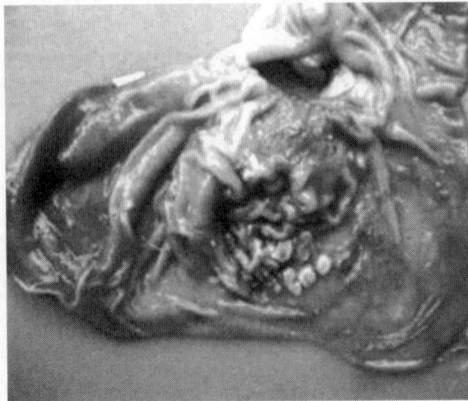

图5.7 猪单端孢霉烯族毒素中毒可见胃黏膜上有霉菌灶（引自江斌 等，2015）

4. 防治措施

（1）预防　在玉米的采购、运输、保存、加工过程中应该严格把关，严格控制各过程中的温度和湿度，避免出现玉米霉变现象。存储的仓库一定要干燥、通风，要定期对料库的温度和湿度进行检查，通常情况下，温度要控制在40℃以下，而湿度要保证在80％以下，才能防止玉米发生发热潮湿的现象，有效地避免霉菌进一步扩散。还可在储存的玉米中添加苯甲酸钠、山梨酸等防霉剂。当玉米出现轻度霉变时，可添加适量的霉菌吸附剂一起饲喂。霉变比较严重时，禁止食用。

（2）治疗　目前猪霉玉米中毒没有特定的解毒药。在治疗上主要是采取解毒、保肝、止血、平衡电解质等对症治疗。对发生急性中毒的猪可采用洗胃、灌肠等方式，然后口服盐类泻药硫酸钠，加速胃肠物排出。对出现神经症状的病猪，给予镇静止痉剂，如氯丙嗪。对于中毒症状比较严重的猪，可以静脉注射50％葡萄糖、维生素C等药物。

三、仔猪低血糖症

1. 概述

仔猪低血糖症是仔猪出生后1～4天内因饥饿致体内贮备的糖原耗尽而引起的一种营养代谢病。母猪缺乳、仔猪吮乳不足或消化道疾病的发生都可以导致该病的发生。临床上主要表现为仔猪血糖显著降低，血液中非蛋白氮含量明显增多，病猪出现反应迟钝、虚弱、惊厥、昏迷等症状，最后死亡。

2. 临床症状

病猪精神委顿，吮乳停止，四肢无力，肌肉震颤，体躯摇摆，或有卧地不起的表现。颈下、胸腹下及后肢出现浮肿。病猪尖叫，抽搐，头向后仰或扭向一侧，四肢僵直，或做游泳状运动，磨牙空嚼，口吐白沫，瞳孔散大，对光反应消失，感觉迟钝。皮肤苍白，被毛蓬乱，皮温降低，后期昏迷不醒，意识丧失，很快死亡。病程不超过72小时，死亡率为70％～90％。

3. 病理变化

病猪肝脏呈橘黄色，边缘锐利，质地脆，稍碰即破。胆囊肿大。肾脏呈淡土黄色，有散在的小出血点。

4. 防治措施

（1）预防　加强妊娠母猪后期的饲养管理，在妊娠后期提供足够的营养，不但能增加仔猪初生重，还能提高分娩母猪在哺乳期的泌乳量，确保仔猪出生后能吃到充足的乳汁，避免仔猪低血糖症的发生。防止仔猪受寒和饥饿，加强对初生仔猪人工固定乳头的管理。

对于仔猪过多的，要进行人工哺乳或找代乳母猪，防止仔猪低血糖症的发生。加强母猪产后的管理，若母猪感染子宫炎或胃肠疾病引起少乳或无乳，应及时对症治疗。

（2）治疗　刚发病时，应立即向病猪腹腔注射 15 毫升 5％葡萄糖溶液，每天 4 次。也可口服 10 毫升 20％葡萄糖溶液。

四、母猪无乳综合征

1. 概述

母猪无乳综合征，又称母猪泌乳失败，其临床表现为母猪产后少乳或无乳、不食、便秘、对仔猪感情冷漠等。

常因应激反应（噪声、惊吓、日粮的改变等）、内分泌失调（促乳素水平降低）、营养及管理因素（饲料单一、产房拥挤、环境潮湿等）、传染性因素（大肠杆菌等）等引起。

2. 临床症状

母猪产后 12～48 小时出现泌乳量减少或缺乳，可见乳房及乳头缩小而干瘪（图5.8），挤不出乳汁。有的病猪体温升高，精神沉郁，食欲下降，不愿站立，喜卧，对仔猪感情冷漠（图5.9）。对仔猪的尖叫和哺乳要求没有反应。其仔猪因饥饿显得焦躁不安，总围绕母猪乱跑，或不断发出尖叫声，在乳房下寻找乳汁。仔猪因饥饿逐渐消瘦，或因饥饿无力睡卧在母猪周围（图5.10），很容易在母猪躺卧时被踩死或压死。

图 5.8　乳房及乳头缩小而干瘪

图 5.9　母猪喜卧，对仔猪感情冷漠

图 5.10　仔猪因饥饿无力，睡卧在母猪周围

3. 防治措施

（1）预防　加强母猪饲养管理。根据母猪不同生产阶段特点，饲喂营养全面的全价饲料。在分娩前1周应逐渐减料，分娩当天不饲喂；分娩后逐渐增加饲料，适当增加母猪运动量，防止便秘的发生。在母猪分娩前1周将母猪转入产房，以适应新的环境，减少应激反应，并做好分娩前的消毒工作。

（2）治疗　目前，常用的治疗方法是催产素疗法，可肌内注射催产素20～40单位，每天2次。或使用中药方剂，取王不留行40克、川芎30克、通草30克、当归30克、党参30克、桃仁20克，研末后，加入5个鸡蛋作为药引，拌入饲料中喂服。

对因传染性乳腺炎引起的无乳症，可使用广谱抗生素进行治疗。

五、母猪产后不食症

1. 概述

母猪产后不食症是指母猪产后胃肠功能紊乱、食欲减退的一种疾病。主要是由于母猪产前、产后饲喂不当，或过于肥胖。妊娠期间饲料过于单一，导致蛋白质、维生素、矿物质缺乏，尤其是钙、硒、B族维生素、维生素E缺乏。饲料中粗纤维含量不足，导致胃肠蠕动功能下降。或因母猪产后感染子宫内膜炎、乳房炎等导致病情加重。

2. 临床症状

多数母猪表现为间断性或反复性的不食，有的母猪表现为顽固性不食，但多数母猪对青绿饲料有一定的食欲。病猪表现为饮水增加，个别母猪出现异嗜现象。大部分母猪精神、体温、呼吸、脉搏无明显变化。

因母猪产后感染引起的不食症，常表现为母猪体温升高、精神沉郁、呼吸加快、便秘等症状。

3. 防治措施

（1）预防　加强母猪的饲养管理，给予全价饲料，减少应激反应。积极治疗原发性疾病，控制继发感染。

（2）治疗　以调节消化机能、促进代谢、恢复食欲为治疗原则。

①氨甲酰甲胆碱按每千克体重0.05～0.08毫克，皮下注射，每天1～2次，或使用复合维生素B注射液20～30毫升，每天2次。对于产后感染引起的，还需使用抗菌药物进行治疗。

②10％葡萄糖注射液500毫升，10％维生素C注射液20毫升，维生素B_1注射液20毫升，静脉注射，每天1次，连用2～3天。

六、仔猪脱肛病

1. 概述

猪直肠先天性发育不全、萎缩或神经营养不良，松弛无力，不能保持直肠正常位置。此外，在寒冷季节猪易发生腹泻，消瘦，猪常扎堆在一起，导致腹压增大，肛门括约肌松弛而发生该病。部分病例由于猪群出现严重咳嗽时腹压增大，粪便可从肛门排出，促使直肠脱出。

2. 临床症状

发病初期，病猪排便时可见直肠黏膜外露，形成皱褶，随后直肠黏膜回缩复位。随着病程的发展，病猪直肠黏膜脱出更加明显，呈淡暗红色，球形，并出现水肿，导致脱出的直肠不能复位（图5.11、图5.12）。随着时间的延长，炎症水肿更加明显，脱出部位呈长的圆柱样。由于肛门括约肌挤压脱出的肠管导致血液循环出现障碍，水肿更加严重。脱出的直肠受到外界污染后，可导致糜烂、坏死等。病猪感染后可出现全身症状，表现为轻度的发热，精神沉郁，食欲下降，频繁努责，做排便姿势。

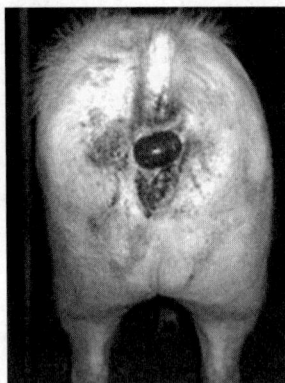

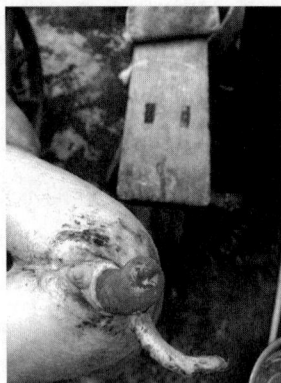

图5.11　脱肛　　　　　　图5.12　直肠全层脱出

3. 防治措施

（1）整复法　对于猪直肠脱出时间较短、黏膜出现水肿及轻微坏死的病例，首先对猪进行后肢提举保定，用0.1%的高锰酸钾清洗脱出的直肠黏膜，剪除坏死的黏膜层，对于直肠黏膜水肿严重的病例，用消毒的针头刺扎水肿黏膜，使水肿液外流，然后用纱布明矾粉末包着脱出的肠管轻揉到软细，对坏死至肌层的进行修补，修复后推送复位，并温敷，以防止再脱，最后选择适宜的针线对肛门进行荷包缝合。缝合结扎时要注意排粪孔的大小应适宜，以方便粪便排出。粪孔过小，粪便排不出；粪孔过大，肠管容易脱出造成整复失败。整复一周以后即可拆线。对于反复出现直肠脱的病例，可在病猪肛门周围分点注射

95%的酒精，以刺激肛门周围组织发生炎症，提高其紧张度。

（2）直肠截除法　直肠脱出过长、过久后，将导致肠管发生水肿、坏死，整复困难，治疗时可使用截除法。首先对猪提取后肢保定，然后用0.25%的利多卡因在肛门四周做局部麻醉，肠管内填塞块用生理盐水浸泡过的纱布，以防肠管内粪便污染术部。在直肠脱出的基部做上下左右4根牵引线，然后在离肛门1厘米处进行直肠切除。对接两肠管断端，进行单纯连续缝合。缝合后撒消炎药，推送复位。

参 考 文 献

陈溥言，2015. 兽医传染病学［M］. 北京：中国农业出版社 .

丁永龙，金义明，宋逸成，2005. 新编猪病诊疗手册［M］. 北京：科学技术文献出版社 .

江斌，吴胜会，林琳，2015. 猪病诊治图谱［M］. 福州：福建科学技术出版社 .

刘洪云，李春华，2009. 猪病防治技术手册［M］. 上海：上海科学技术出版社 .

刘佩红，王建，2015. 猪传染病防治图谱［M］. 上海：上海科学技术出版社 .

潘耀谦，张春杰，刘思当，2004. 猪病诊治彩色图谱［M］. 北京：中国农业出版社 .

王希龙，2003. 猪病防治［M］. 海口：海南出版社 .

王小龙，2004. 兽医内科学［M］. 北京：中国农业大学出版社 .

宣长和，2019. 猪病学［M］. 北京：中国农业大学出版社 .

薛龙君，陈解放，张奎举，2017. 规模化猪场常见病的防治与净化［M］. 银川：阳光出版社 .

图书在版编目（CIP）数据

常见猪病防治技术 / 罗永莉，杨延辉主编. -- 北京：
中国农业出版社，2025.1（2025.7重印）. --（乡村振兴实用技术培训
教材）. -- ISBN 978-7-109-32591-3

Ⅰ. S858.28

中国国家版本馆 CIP 数据核字第 2024765PR2 号

常见猪病防治技术

CHANGJIAN ZHUBING FANGZHI JISHU

中国农业出版社出版

地址：北京市朝阳区麦子店街 18 号楼
邮编：100125
责任编辑：张艳晶
版式设计：杨　婧　责任校对：吴丽婷
印刷：中农印务有限公司
版次：2025 年 1 月第 1 版
印次：2025 年 7 月北京第 2 次印刷
发行：新华书店北京发行所
开本：787mm×1092mm　1/16
印张：4.5
字数：102 千字
定价：32.00 元